OTSUMAMystery

おつまミステリー

浅暮三文

柏書房

序

読者諸氏は「おつまみ」と聞くとなにを連想するだろう。いろいろと頭に浮かぶ一品があるだろうが〝ささやかな部類に限定して〟と注釈を付けると、なんのことかと首をひねるのではないか。今述べた「おつまみ」とは、小料理として粋な小鉢で提供される「お通し」ではなく、スナックや独立店舗の居酒屋に座ると、まず小皿で出てくる「おつまみ」、チャームとも称されるあれである。主として乾き物が多く、珍味やスナック菓子の系統などが相当する。確かに酒の肴の主役は焼き鳥であり、唐揚げだ。そのために「おつまみ」は、冷遇されている。あえていえば「どうでもよい」対象だろう。しかし我々はこの「おつまみ」についてどれほどのことを理解しているのか。人に歴史ありといわれるように、探ってみると「おつまみ」の世界は奥が深い。同一の種類なのに細部に違いを有し、時代背景や地域の文化が反映され、そのルーツも底知れないのである。誰もが知っているが、どこの誰かは知らない。いわば小皿にのった「月光仮面」（前後入れ替えの）ともいえる存在が「おつまみ」である。本書は万人が一度は目にしつつ、内実にあまり詳しくない「おつまみ」についての謎やエピソードを探る一冊である。酒場や晩酌の際に微苦笑を誘う話題になればなにより。ぜひとも「おつまみ」のワンダーランドへとページを繰っていただきたい。

著者敬白

おつまミステリー　目次

おつまミステリー

ジャイアントコーン

生産地は世界で一カ所

「ミックスナッツに入っているジャイアントコーンってのは本当にトウモロコシなのか」

今から十数年前、酒場で友人がこのように疑問を呈した。それまで私はあのおつまみにまったく注意を払っていなかった。

確かにいわれてみれば通常のトウモロコシの粒とは比べ物にならない大きさだ。しかも油で揚げた固い食感は、通常のコーンとはほど遠い。果たしてあれは本当にトウモロコシなのか。

数日後、同席していたメンバーの一人から、ネットで見つけた写真が送信され

てきた。見ると驚いたことに確かにトウモロコシだった。軸の長さそのものは通常のトウモロコシとさほど変わらないが、粒がやたらとでかいのである。

「そうか、あいつは本当にトウモロコシだったんだな」

私は実感した。そして恥じた。身近に接していながら、よく知らない物事がまだまだあるんだなと。同時に思った。このままにしていていいのかな。こうして私のおつまみ銀河への旅は始まったのである。

さて、ジャイアントコーンである。ジャイアントコーンの原産地は南米ペルーで、正式な名称は「ペルビアン・ホワイト・ジャイアントコーン」という。現地ではチョクロ（choclo）と呼ばれている。

このコーンを日本では油で揚げ、塩をまぶし、おつまみとして食べることが多いが、現地ではスープに入れたり肉料理などの添え物に用いたりする、きわめて庶民的な食材である。

柔らかく溶かしたチーズやヤホァ（サルサ）を付けて食べることも多い。アンデス地方の田舎では保存食料とするために本種を軒先に干している。本種以外にも、この地方はトウモロコシの種類が三十五ほどと、とても豊富だそうだ。

ところで今、さらりとジャイアントコーンの原産地を南米ペルーと綴ったが、これは正確ではない。ジャイアントコーンの原産地は確かにペルーだが、ペルーといってもインカ文明の旧都市クスコ（標高三五〇〇メートル）から、さらに奥に入る。

ウルバンバ地方の風景

やがて山々を越えた先にウルバンバ川が流れるウルバンバ渓谷があり、ウルバンバ村（標高二九〇〇メートル）にいきつく。ジャイアントコーンは、このウルバンバ村周辺のごく限られた地域でしか生産できない種である。つまり原産地はウルバンバ村限定なのだ。

なんでも気象や土壌の関係で、少しでも地域が外れると粒が小さくなってしまうために日本では栽培ができず、世界にも広まらなかったとか。むろん遺伝子組み換え品種も存在しない。ウルバンバ村はジャイアントコーンの生産を一手に担う世界唯一の拠点だったのである。

となると気になるのが、どんな村でどんな生産体制になっているのかである。それでは現地へ調査にいこう……というのは経費の関係上で難しい。そこでネットを駆使した。

まずウルバンバ村のあるウルバンバ渓谷である。アンデスらしい雄大さだ。どこからかケーナの響きが聞こえ、コンドルが大空で旋回していそうだ。

このウルバンバ村にあるジャイアントコーンの畑では成人男性の背丈を超える高さの茎が伸びている。ちなみに、日本に初めてジャイアントコーンを輸入した会社は神戸市にあるサンナッツ食品株式会社といい、先代が商社からジャイアントコーンを紹介され、昭和四十五年（一九七〇）から加工に取りかかるようになったのだそうだ。

サンナッツ食品のホームページによるとジャイアントコーンの生産体制は八月から九月にかけて畑に苗植えをおこない、翌年、四月から五月に実のままで天日干し(てんぴぼし)に。その後、収穫した実から手作業で粒を外し、袋詰めして日本に船荷で送るという。

トウモロコシは一年草なので村ではこの生産体制を毎年、繰り返していることになる。零細農業は世界のどこでも利益が薄いので若い労働者は異なる職業に就いているのではないか。あるいは出稼ぎかもしれない。かつて日本が経験した〝三ちゃん農業〟のような風景が目に浮かぶ。

とはいえジャイアントコーンの生産地は世界で唯一、ウルバンバ村だけだ。一体、こんな家族農業で全世界の需要をまかなえるのか。

かくのごとく心配したが、調べてみるとジャイアントコーンを買い付けていくのは日本とスペインにほぼ限られるのだそうだ。この二カ国で買い付け争いをしているという。

前述したサンナッツ食品は日本でのジャイアントコーンのシェアが七割強である。そして一日三トンを製品化しているという。単純計算すると年間一〇九五トンである。

仮にライバルであるスペインとの買い付け合戦が五分五分であった場合、両国での需要は年間約三〇〇〇トン。日本が輸入するトウモロコシは一五〇〇万トン。

世界といってもジャイアントコーンの消費量はおつまみレベルなのだ。

限られた地域の稀少種を世界中で奪い合っているかに思えたジャイアントコーンの消費が、日本とスペインがほとんどだということは分かった。

ではライバルのスペインはなぜに日本同様ジャイアントコーンが好きなのか。ひとつには南米を植民地にしていた歴史がある。おそらく古くから口にしていたのだろう。

もうひとつは私見だが彼らはヨーロッパでタコやイカを食べる限られた民族だ。さらにはブタ一頭を脳みそから足の先まで捨てることなく食する。これは中華的である。つまり彼らは味覚が日本人に似ているのではないか。

最後に補足するとジャイアントコーンとは現在ではクスコ県で栽培されたものだけが、その名で販売することを許されている。

またペルー政府によってウルバンバの伝統的な農法が文化遺産にまで認定されている。むろん村と国とのタイアップだ。三ちゃん農業と思いきや、しっかりブランド戦略をとっているではないか。

カシューナッツ

なぜに勾玉か

ジャイアントコーンでおつまみの旅に覚醒した私はミックスナッツ缶を改めて覗いてみることにした。するとひときわ異彩を放つ存在に目がいった。カシューナッツである。ナッツの勾玉(まがたま)と呼んでもいい独特の形状。目に付くのも当然だが、アーモンドやピーナッツ同様にそこそこ身近だったので、今まで深く考察しなかった。はてさてカシューナッツはどうしてこんな形状なのか。木の実というと通常、球体か卵状である。へそ曲がりな性格だったので曲がりました、なんてはずはない。なにか事情がありそうだ。

カシューナッツについて深く考察しなかった私は少し調べてみた。するとなぜ、

あいつが勾玉状なのかが判明した。

実はカシューナッツはナッツ、つまり木の実ではなかった。あれは果実の種の中の「仁（じん）」なのだ。

そもそもカシューナッツが採取できる木はカシューの木といい、ウルシ科の常緑樹で高さ一〇～一五メートルというから立派な樹木である。主産地はインド、ベトナム、インドネシア、スリランカなどのアジア圏。

この木に白やピンクの小さな花が枝の先に群がって咲くのだが、花の落ちたあと洋ナシ形の果実（正しくは花托（かたく）だが、ややこしいので実とする）がなる。これがカシューナッツのお母さんだ。

この果実はカシューアップルと呼ばれ、リンゴのような良い匂いがするという。この実を用いたジャムやジュース、酒もあるそうだ（酒好きのために紹介するとインドのフェニーなど）。

さてカシューの木に果実が実り始めると種子が次第に肥大化して果実から顔を出し、やがて勾玉形になる。

種は三～四センチほどで、殻や肉は堅い。この種子の肉と殻を除くと、中に勾玉状の仁が現れるのである。これがカシューナッツの正体だったのだ。

勾玉の種の中の勾玉の仁。なるほど、勾玉の種の中にいたから君は勾玉の形状だったのね。私はぽんと膝を打った。

カシューアップル。下に飛び出ている種子の中の仁がカシューナッツとなる

私が木の実と思って食べていたカシューナッツは、種の中の仁だったのである。そういえば私の祖母は梅干しを食べた後、その種を割って中の仁も味わっていたと感慨深い思い出が蘇った。

とここまで理解して終わろうとしたが、ネットの辞書の文末にカシューアップルを現地の人は民間の伝承薬として利用するとあるではないか。

その効用はインフルエンザの解熱薬に始まり、エナジードリンクや強壮剤など、先人の知恵として生薬に利用されているとある。

ここまできて私はカシューナッツのことよりもカシューアップルのほうに関心が移った。若い頃に比べて昨今、特にスタミナ不足を感じていたからである。強壮剤の一語も大変にそそられるものがある。

では試してみるのも一興だ。どこかでカシューアップルが手に入らないかと調べていくと、生の果実は無理だがジュースやジャムはネットで通販されているらしい。

どうだろうどうかしら。効くのかしら。これはスタミナ不足の男性が誰しもそっと頭に浮かべる疑問である。そこで私は同世代を代表してカシューアップルの薬効について調べてみることにした。

するとちゃんとした医学情報誌にその薬効が報告されているではないか。だがそれは私が期待した方面ではなく、もっと真面目な研究であった。

なんとカシューナッツの殻から抽出したアナカルジン酸（油脂成分内に溶け込んでいる酸）がALS（筋萎縮性側索硬化症）患者に効果があったというのである。京都大学のALS新薬を研究するグループの報告である。

ALSとは脳内の信号がうまくやり取りできなくなり、筋肉が萎縮していき、やがて死に至るといった難病である。ホーキング博士もだが、国内でも九千人強ほどの患者が苦しんでいる。

私は自身の下心を恥じた。カシューナッツを難病の治療に用いようと真摯に努力している研究者たちがいたのである。

ネットの辞書にはカシューアップルは果肉がフルーツとして利用される他、カシューナッツの殻からオイルが採取できるとある。その樹木は家屋の木材に、あるいは炭焼きにして燃料に。はたまた樹皮は染料の原料となり、樹脂はゴム材の原料とされるともある。

さらに本物の薬となるのなら、カシューの木はまるごと捨てるところのない天然原料ではないか。あなたを樹木界のブタと呼びたい。

ここまで理解が進んで私の脳裏にはふと疑問が湧いた。樹木界のブタともいえるカシューの木の果実の種の仁、カシューナッツを食べてみようと考えたのは誰なのか。わざわざ割って中を取り出すには、それなりの歴史的変遷が必要だろう。

どこかのお婆ちゃんだろうか。樹木丸ごといろいろ使えるカシューだ。その実を食べた後の種の中はどうかしらと考えたのではないか。

我々、人類は貪欲である。ナマコやホヤさえ、食べられるのではないかと挑戦する。これは、手に入れた物には「せっかく」だからとチャレンジしてみる食欲の発露である。

遠い昔、どこかのお婆ちゃんはカシューアップルを召し上がり、残った種を前にしてせっかくだからと割って食べてみたのではないか。

お婆ちゃん、ありがとう。お婆ちゃんの食欲は人類の食材をひとつ広げてくれました。やがて難病に役立つかもしれません。

ピーナッツ

再び南京豆に帰る

一年でおつまみの出番が一気に増えるのはいつか。おそらく六月だろう。なにしろ、ビールシーズンの到来だからだ。

ビールのおつまみの三大定番は枝豆、空豆、南京豆（ナンキン）の豆三大横綱といわれる。これは私の勝手な意見ではない。グルメ本の先駆「ショージ君」シリーズの対談でも決定事項とされている。

さて今回は南京豆である。日頃、我々がピーナッツと呼ぶこの豆には、落花生の別名もある。これは花が受粉後、地に落ちて地中で実を結ぶところからきたのだろうから、植物の観察結果による命名と納得でき

る。

ではなぜピーナッツは南京豆なのか。ネットの辞書にはピーナッツの原産地は南アメリカだが、その後、各地で栽培され、日本には宝永三年（一七〇六）、江戸時代前半に東アジア経由で伝来したとある。

つまり大陸からもたらされた豆だから南京豆。昔は中国や東南アジアから渡来したものは南京錠や南京玉簾など、なんでもナンキンと名付けて歓迎したからだろう（南京玉簾は富山発祥らしいが、南京にもない希少さから命名）。この南京豆が日本で初めて根付くのは明治四年（一八七一）まで時を待たねばならなかった。以降は、史実と一年草の南京豆の植生を織り交ぜてドラマ仕立てにしてある。

明治四年のある夏の日、神奈川県大磯町の農家、渡辺慶次郎氏は自分の畑に出ていた。というのも茅ヶ崎の親戚から譲り受けた南京豆（中国種らしい）なる植物の種を春先に蒔いていたのだ。

さてさて数日前に花は咲き落ちたから、その後、ナスやキュウリのように、なにか実がなっていないかと慶次郎氏は様子を見てみた。だがつれないことに南京豆はなにも実を結んではいない。ここで慶次郎氏が怒ったのか落胆したのか、「なんだ、こんなもの」と茎を足で蹴ったのだ。

すると茎が抜けて地中から莢が出てきて地下結実性だと判明し、以降、栽培を始めたという。渡辺慶次郎氏は寺坂姓の記述もあるが、いずれにせよ、彼が近代

干潟郷落花生記の石碑
（千葉県旭市）

日本の南京豆発見の父である。

一方、千葉でも明治九年（一八七六）、現千葉県旭市の金谷総蔵氏が、県によって鹿児島から取り寄せられた種子（こちらも中国種だろう）で栽培を始め、栽培農家の育成普及に努めたという。

千葉県旭市鎌数伊勢大神宮には金谷総蔵氏の功績をたたえた「干潟郷落花生記」なる石碑が残されている。こちらは南京豆の育ての父といえよう。

だが明治七年（一八七四）、同時期に政府はアメリカ産の種子を取り寄せ、各地へ配布。栽培の奨励を始めた。というのも当時、明治政府の方針は西洋列強に追いつくために殖産興業と富国強兵をはかるものだったからだ。

明治五年（一八七二）に政府は財政基礎を築くために封建的な制度である田畑売買禁止を解除していた。次いで明治六年（一八七三）から地租改正を始める。地主や自作農に対して土地の所有権を認めるとともに三％の地租を課すものである。

その翌年のアメリカ産の種子の栽培奨励であるから、おそらく明治政府の農業振興の一環だったと思われる。なぜアメリカ産の種子だったのかは欧米の文化を取り入れて近代化を図る明治政府の方針のなせる業だろう。

この明治政府の方針が普及し、南京豆はピーナッツへと、名称も種も変貌を遂げていったのである。司馬(しば)史観なら、ことほど明治という時代は南京豆にとって激動の時代だったといえよう、と書くところだ。

南京豆がピーナッツになった経緯は前記の通りだが、このピーナッツにトラやゾウがいるのをご存知だろうか。

インドネシア中央研究所はピーナッツ育成種としてGadja＝ゾウ、Matjan＝トラ、Banteng＝野牛、Kidang＝シカと名付けた四品種を配布している。

このような種子を千葉県にある農林総合研究センター（国内唯一の落花生研究専門公的機関）では全世界の千五百種ほどを保管し、日々品種改良しているという。なんにでも公的研究機関があるのだからおかしくないのだが、ピーナッツ専門というのが意外だった。

さて南京豆、ピーナッツと繰り返している内にふと思い出したことがあった。双子の歌手「ザ・ピーナッツ」である。彼女らの歌に『南京豆売り』というのがあった。

これはデビュウ当時、彼女らのテーマソングとして歌われていたものらしいが、その歌詞には南国キューバの夜明けの街角でピーナッツ、ピーナッツと歌いながら売り歩く娘のことが綴られている。そもそもはハバナ出身の音楽家モイセス・シモンが露天商の掛け声から着想を得て作詞作曲したものだそうだ。

事実、スペイン語圏にはプレゴンといわれる物売り歌の伝統があるという。日本の焼き芋屋や竿竹屋の売り声のようなものらしい。

あちらの街路の行商人は客を集めるために機知に富んだ口上を土地土地のリズムとメロディにのせて歌ったという。モイセス・シモンが耳にしたのも、この南京豆売りのプレゴンだったのだろう。

英語版の歌詞によると「本日煎り立てのピーナッツを小さな袋」で売っているようだ。初夏を迎えた頃、ビールとご一緒にいかがなどとエキゾチックな豆売り娘に声をかけられたら、それじゃ一袋といった気になって当然だ。煎り立てはうまいのだろうから朝からビールに手が伸びてしまうのではないか。

補足しておくと現在、日本国内で安価に流通しているピーナッツは大部分が中国産である。南京がある華南産の正真正銘の「南京豆」も輸入されている。南京豆はピーナッツからぐるりと回って南京豆に戻っているらしい。

ミックスナッツの脇役たち

名バイプレイヤー三人

必ず目にしているが改めて聞かれると、これはなんというのか。お前は誰か。そんなミックスナッツの脇役が三人いる。ボンゴ豆とすずめのたまご、そしてサンドロップだ。

この三品は基本的に似たようなでき上がりなのだが、ボンゴ豆で大雑把に紹介すると、ピーナッツをもち米粉とでんぷん（寒梅粉）を使った衣で包み、煎り焼きする。これを醤油味にしたり、唐辛子

ボンゴ豆

すずめのたまご

サンドロップ

風味でピリ辛に仕上げてある。

ボンゴ豆と似たものにでん六の「ポリッピー」があるが、ボンゴ豆そのものは北海道のローカルフードといわれる。製造者が札幌の加藤製菓と旭川にある三葉（さんよう）製菓。どちらが元祖でどちらが本家かには、あまりこだわっていない様子に思える。北海道らしいおおらかさだ。

加藤製菓の小売りのパッケージにはラテン音楽に使う打楽器のボンゴがあしらわれており、デーオデーオとハリー・ベラフォンテが唄う『バナナ・ボート』の歌が聞こえてきそうだ。

ボンゴ豆には類似する物にヤマトウ商事の「マンボ豆」（こちらもなぜかラテン系のダンスだ）、また「ホンコン豆」と表記するもの、「ポーカーピー」というのもある。「ポーカーピー」は広島県廿日市（はつかいち）市のイシカワという製造元で、ピリッとする辛さによってポカーンとするからこうネーミングしたという。

一方、衣に海苔（のり）を使っているものに福岡県大牟田（おおむた）市のいなだ豆の「のんき豆」がある。また熊本には「のんきな豆」と名付けられたものも。

ボンゴ豆は北海道ローカルのようでいて、山陽や九州でも類似した商品が販売されているのだ。意外とナショナルではないか。道産子（どさんこ）が自慢するようなら釘を刺してやれるかもしれない。

続く、すずめのたまごである。すずめのたまごとは、駄菓子のひとつ。九州な

イエスズメの卵

ど西日本で食されている。体裁は中にピーナッツが入っていて周りを醤油ベースのピリ甘辛い味付けでコーティングしたもので、明治期からあったともいわれる。駄菓子屋の店先で大きな瓶に入れられて量り売りされ、昭和初期には一銭で数十個、昭和四十年前後には二個一円で販売されていた。三十年ほど前より袋入りが流通している。

「すずめのたまご」という以上、どこかが似ているのだろうか。はて本当のスズメの卵はどんなものなのか。

日本野鳥の会のホームページによるとスズメの卵は直径二〇ミリほどでツバメの卵とほぼ同サイズとなっている。身近な野鳥の卵はメジロが一七ミリと最小で、最大はハシブトガラスの四七ミリ。鶏卵のSサイズとほぼ同寸か。スズメの卵の色はさまざまだそうで灰白色や淡青色の地に青系や褐色系の小さな斑があるものが多いという。

卵に斑があるのは迷彩のためで、したがっておつまみのように茶色くはない。実物はどことなくウズラの卵を彷彿させる感じだ。

スズメは一回の出産でおよそ三個から五個の卵を産むが、自然は厳しく、孵化するのは限られる。そこで自然は工夫する。何かというと餌だ。

スズメの雛の嘴が黄色いのは未熟なのではない。親鳥に餌をくれとアピールするためだ。鳥は色と形でものを認識する。

「ボンゴ豆」のパッケージ

親鳥にとって、鳴いている黄色い菱形こそ、餌を与える雛なのだ。そのため、雛は親鳥がくると大きく口を開けて示し、餌をねだって鳴くのである。

数羽いる雛だが餌をもらって満腹した順番に嘴を閉じて鳴かなくなる。すると黄色い菱形のアピールは最後の一羽のみになる。結果、雛はみんな食いっぱぐれがない。自然の仕組みはよくできたものだ。

最後のサンドロップだが、これはピーナッツではなく、中にレーズンが入っている。すずめのたまごの干しブドウ版ととらえればよい。

太陽の滴と直訳できるサンドロップだが、翻訳すると名詞では宵待草。商品名になると「ドクターペッパー」ブランドのラインアップに柑橘系のソーダがある。

ドクター・ペッパーは実在していたアメリカの医師だが、彼に雇われていた人間が独立し、炭酸飲料の販売を始めた。その際に健康性をアピールするため、かつての親分の名を拝借したという。独特の風味で好き嫌いが分かれるのか、日本では主に沖縄と関東圏で流通している。成分は二十三種というが、レシピは秘中の秘とされている。

他にサンドロップは我が国では競走馬や漫才コンビにも同名の存在がいる。だが、もっとも太陽の滴らしいといえば、サンドロップと名付けられたダイヤモンドではないか。

カラーダイヤモンドの中のイエローダイヤで平成二十二年（二〇一〇）に南アフリカで発見されたが、サイズが一一〇カラットと驚異的なのだ。

ニューヨークのダイヤモンドディーラーに買われ、その希少さからロンドンの自然史博物館にも展示された。競売で落札された価格は八億四千五百万円。本物は買えないが、おつまみのほうならガールフレンドに差し上げられる。いかが？

チーズ鱈

チーズが手に付かないっタラ

堅いエピソードが続いたので柔らかい話題に変えよう。おつまみの世界でソフトなタイプのものというと海産物を原材料に使っていることが多い。

筆頭はイカだが、魚を使うものの中の代表格となるとタラだ。かつてタラは豊富な水揚げを誇る身近な魚だったが、これを単体で加工するのではなく、チーズと合体させてみようと考えた人物がいた。「チーズ鱈（たら）」誕生秘話である。

メーカーはご存知、おつまみの大手である「なとり」。その前身にあたる名取

商会は戦後間もない昭和二十三年（一九四八）に初代社長、名取光男氏を創業者として発足した。

同年九月、東京都北区の工場で最初の製品「いかあられ」を発売する。光男氏は当時の食糧事情からイカを中心とした水産加工品の製造を目指したのだ。二年後には工場を拡大して「鱈そぼろ」を発売する。

昭和三十年（一九五五）に「東京焼いか」。その二年後には「うに松葉」「カレー松葉」「照焼いか」と立て続けに商品を世に送り出し、いずれもヒット商品となった。

一連の和風おつまみで成功した光男氏だったが、食の洋風化が進むと睨み、誰も思い付かなかった和洋折衷（せっちゅう）おつまみを開発したいと考えた。これは今に続くなとりのコーポレートアイデンティティである。

そこでまず、手始めに一口サイズのチーズをキャンディ包装した「一口チーズ」を作る。だが冷蔵庫が普及していなかったため、あえなく断念となった。

なんとかチーズを常温流通させられないか。なとりは化学メーカーと共同開発した脱酸素剤を使用してこの問題をクリアし、イカと組み合わせた「チーズいか」の試作品を開発した。当時のなとりにはイカの間にウニを挟んだ「うに松葉」というロングセラー商品があり、これがヒントとなったのだ。

ところが、今度は脱酸素剤を使うと時間の経過によって、イカが赤く変色するという問題が発生。何度も試作、研究を重ねたが解決策は見つからず、「チーズ

「チーズ鱈」「チータラ」のいろいろ

いか」の開発は頓挫することとなる。

だが和洋折衷のおつまみ開発は二代目社長の小一氏が受け継いだ。小一氏を中心とした開発陣は、自社でタラをシート状にした製品を作っていたこともあり、チーズとタラを組み合わせることに決めた。

この決断にあたっては、社内に反対の声が多数あったという。なんといってもおつまみの王道はイカだ。イカなら新商品でも受け入れられるが、タラでは難しいと思われたのだ。

だが、試作品を口にした皆の評価は一変する。濃厚なチーズとあっさりしたタラのマッチング、タラでサンドしたためにチーズが手に直接付かないという利点。「これはいける！」と、それまで否定的だった社内の声は絶賛に近く、スーパーや小売店の反響も上々で、製品化はトントン拍子に進んだ。こうして初代社長の念願だった和洋折衷おつまみは「チーズ鱈」として商品化され、昭和五十七年（一九八二）一月に発売された。

全国の大手スーパーマーケットを中心に流通を展開させた当初、なとりでは「売れ行きよりも、今までとは違う新しい商品を出すことに意義がある」と考えていたようだが、予想とは裏腹に飛ぶように売れたという。

とにかく棚に並べば途端に消えていく。製造が追い付かず、発売から二年後には埼玉に大きな工場が建設された。三菱総合研究所から発表された昭和五十七年の「成長消費財トップ20」では、新製品部門で堂々の一位を獲得。誰もが認める大ヒット商品と認定されたのだ。

おつまみ業界は地場産業が多いらしい。その中でなとりは開業当時から全国展開するナショナルブランドといえる。「チーズ鱈」製品の生産量はもちろん日本一だそうだ。おつまみ市場全体を見ても「チーズ鱈」はかなり大きな存在という。「チーズ鱈」には「チータラ」と書いてある商品もある。こちらもメーカーはなとり。プレミアム商品の、「一度は食べていただきたい　熟成チーズ鱈」、プレミアムのチーズを使用した「チーズ好きが食べる　おいしいチーズ鱈」、期間限定の「チーズ鱈」など。「チータラ」には、「まろやかチータラ」シリーズなる冷蔵品などがある。

注目すべきは消費者の内訳だろう。「チーズ鱈」の人気は女性が男性を上回っていると聞く。男性需要の高いおつまみ業界にあって、女性に支持されている商品なのである。

確かに女性は乳製品を好む。また「チーズ鱈」は、ビールはもちろんワインにも合う。そんな点から「チーズ鱈」が好まれているのではないか。むろんチーズが手に付かないのは大前提だが。

女性に人気があるからなのか「チーズ鱈」の各種アレンジレシピが楽しまれている。パンにマヨネーズとマスタードを塗った「チーズ鱈キュウリサンド」や「チーズ鱈天麩羅（てんぷら）」。やや本格的になる、海苔（のり）を入れた「チーズ鱈卵焼き」や具に使った「チーズ鱈春巻き」などなど。

　現在、人気なのは「チーズ鱈焼き」らしい。レンジでチンするだけでチーズに焦げ目が付くほどカリカリになって絶品だとか。

　皿にクッキングシートを敷き、重ならないように並べるだけ。あとはレンジまかせ。所要時間は二分という手軽さだ。実際にそうやっておつまみとして出している飲み屋もあるそうだ。

　女性ばかりではない。「チーズ鱈」は外国人観光客の好む日本のおつまみ第三位に挙げられている。ただし初めての人にはどんな食品か分かりづらいせいか、北海道の車内販売では英訳として、「Cheese Sandwiched with Smoked Cod」と解説されているそうだ。

　海外からの観光客はおしなべて「日本のスナック菓子のレベルは高い」と口を揃えるそうで、中には段ボール箱ごとくださいと気に入ったおつまみをお土産（みやげ）にする方もいるという。いっそ「日本おつまみ」として世界文化遺産に申請してはどうか。

酢漬けイカ

山からの酸っぱい稲妻

ソフト路線のおつまみとして海産物のタラを取り上げたが、やはり根強い人気はイカだろう。とにかく日本人はイカが好きである。一九八〇年代、世界のイカ漁獲量のおよそ半分が日本人の胃袋に収まっているといわれたほどだ。ここ数年、一世帯当たりのイカの消費量は減少を続けているが、それでもベスト5圏内をキープしている（平成二十九年度・水産庁資料より）。

当然、酒の肴（さかな）としてイカは古くから愛されてきたが、我らがおつまみとしては駄菓子の定番である「よっちゃん」の酢イカのシリーズを挙げたい。

カットよっちゃん

よっちゃんブランドで知られるよっちゃん食品工業は山梨が拠点のメーカーだ。昭和三十四年（一九五九）に個人事業として始めたものが昭和三十八年（一九六三）には株式会社となり、成長を遂げていく。

よっちゃんイカは正しくは原材料がイカだけではない。イカ下足に水飴や大豆も使用している。したがって商品名も「カットよっちゃん」の名でシリーズ展開されている。

では短冊状の小さな「カットよっちゃん」の袋を開けよう。すると中から細切れとなったイカと魚肉すり身のシートが登場する。これらに程良い酸味の酢で味付けされているのが「カットよっちゃん」のミソだ。

だが食べる前に「カットよっちゃん」をじっくりと眺めて欲しい。するとあなたはこんな感想を抱くはずだ。赤いと。この赤さこそ「カットよっちゃん」の人気の秘密なのだ。我々の食欲は嗅覚とともに視覚によっても刺激を受ける。ファストフードの店内が主に赤系統で統一されていたり、居酒屋の提灯が赤いのも同様だ。トマトが赤くなれば熟して食べ頃だと我々は知る。

大学による二十歳前後の若者を対象とした食欲と色についてのアンケート調査を見ると食欲を増進させる色として男子の六割が赤、五割強がオレンジを挙げている。女子の場合はオレンジが一位で五割、次いで赤が四割。また男女ともに赤とオレンジにはうまみを連想するという結果も出ている。このように我々は赤い

酢だこさん太郎

色に胃袋を刺激されるのだ。

では「カットよっちゃん」の赤い色とはなにか。正体は赤色１０２号である。我が国で使用を許可されている着色料は十二種類あるが、その中のひとつだ。

着色料というと、なにかと悪役にされがちだが、赤色１０２号は梅、紅ショウガ、ウィンナーなどに使用されている。我々が日常接する市販の食品の赤い色とは、およそ赤色１０２号によるものばかりなのだ。いわばおつまみの世界の赤い色のオールラウンダーといえよう。

さて酸っぱくて赤いおつまみとして酢イカを挙げた。だがなにか忘れていないか。同様に酸っぱくて赤いおつまみに酢ダコがあるではないか。

この酢ダコ、残念なことにおつまみとしては、ほとんど手作りの「蛸酢」ばかりで、市販の酢ダコにはなかなかお目にかからない。そんな中、唯一といえるおつまみが菓道の「酢だこさん太郎」である。

では目先を変えて酢ダコをおつまみにしてみるか。ところが「酢だこさん太郎」は「酢だこ」と銘打っているもののまったくタコが使用されていないのである。原材料は魚肉すり身、小麦粉、イカ粉や大豆（醤油）、カニ（調味料）まで使用されている。まさに駄菓子界のマジシャン・菓道のなせる業である。

株式会社菓道は茨城県常総市古間木を拠点とする駄菓子メーカーで「ＢＩＧカツ　とんかつソース味」の製造元でもある。ここで製造される多くの酢のもの

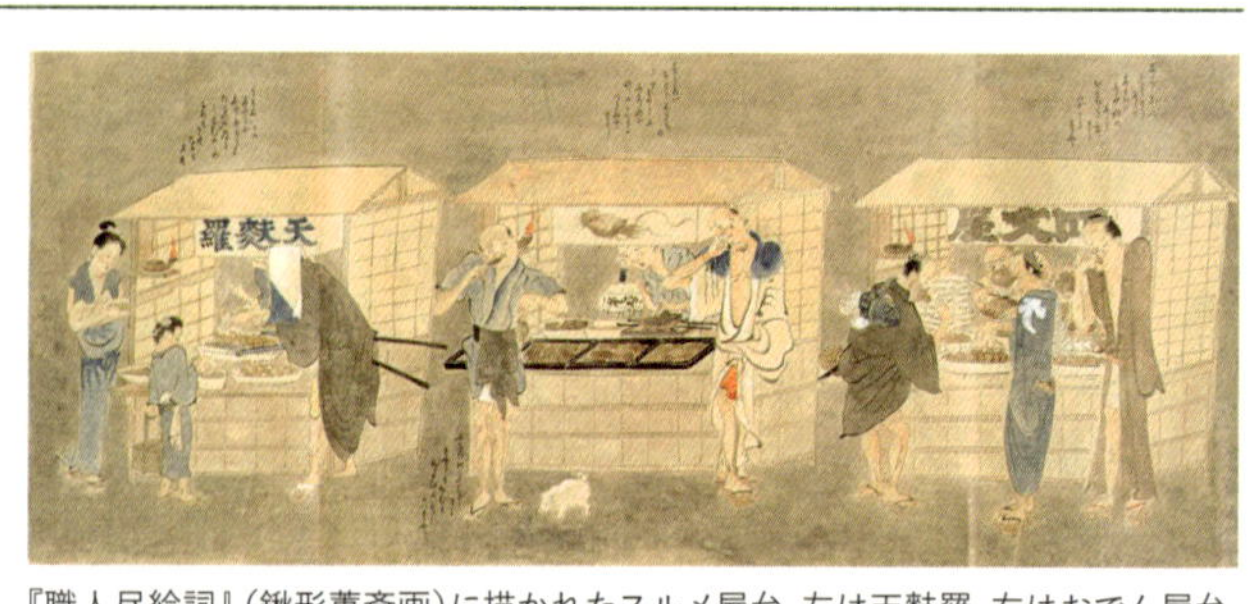

『職人尽絵詞』（鍬形蕙斎画）に描かれたスルメ屋台。左は天麩羅、右はおでん屋台

はほとんどが魚肉すり身なのだ。カツと銘打っている「BIGカツ　とんかつソース味」も魚肉すり身をパン粉で揚げたものである。

ではこれまた小さな短冊状の「酢だこさん太郎」の袋を開けてみよう。パッケージを裂くと、つんと酢の匂いが鼻に届く。中身は茶色のねっとりとしたシートだ。

食感は柔らかく、タコといわれればそんな気もする。よくできた菓道マジックといえよう。ある意味、本物のタコより食べやすいかもしれない。

ここでふと素朴な疑問が浮かんだ。なぜ山梨や茨城などの内陸部に海産物を加工するメーカーが出現したのか。調べてみると駄菓子の海産物加工会社は他に愛知県春日井市など海と直結した地域ではない。

海産物の加工、つまり水産加工技術は生鮮魚介類が腐敗しやすいために、先史時代にすでに酢干し、煮干し、塩漬けが作られていたという。江戸時代の『和漢三才図会』にもイカを乾かしたスルメが言及されている。

また当時の屋台にも天麩羅やおでんに並んで、「鯣屋」と称するものが絵に描かれている。イカを専用の焼き器で炙り、竹串に刺して提供していたようだ。

イカは足が早い。活イカで食するには時間的・地域的な限界があったのだろう。つまり内陸部に水産加工会社が多いのは、このような歴史からではないか。確かに山梨はアワビなどの煮貝の文化を生んでいる。

海と直結した地域ではそのまま生鮮食品として食べられる海産物を、なんとか口にしようと考えた内陸部の知恵。この古くからのお家芸と現代技術がタッグを組んで水産加工は内陸に根を下ろしたのだ。

ちなみに全世界で消費されるタコは約二四万トン。その三分の二である一六万トンほどを我々日本人が消費している。もはや世界が認めた日本おつまみ界の二大巨頭、イカ、タコ。イカは縄文、タコは弥生時代からの付き合いだ。古くから続く伝統食として、酸っぱい両者は未来へ引き継がれていくだろう。

酢昆布

海の向こうでは子供用ベッド

赤くて酸っぱいおつまみとして忘れてはならないものがもうひとつある。酢昆布だ。

長方形の赤いパッケージに桜のマークがあしらわれた「都こんぶ」は誰しも一度は口にしたことがあるだろう。もはや昆布菓子の代名詞といってもいい存在だ。

「都こんぶ」は昆布問屋に丁稚奉公していた創業者、中野正一氏が空腹を満たすおやつに食べていた昆布の切れ端の商品化を決意したことに始まる。昭和六年（一九三一）、堺に中野商店（現中野物産株式会社）を設立。当初、黒蜜入りの酢漬けだっ

たが、創意工夫があって現在の形へ進化した。

黒蜜入りの酢漬けから始まったように「都こんぶ」はただ酢っぱいのではない。「甘酸っぱい」のが特徴だ。この甘さの正体は昆布(都こんぶはマコンブだけを使用する)の表面にまぶされている魔法の粉だ。

魔法の粉というと餃子の王将の唐揚げ、「ハッピーターン」もそうだが、おつまみ界は魔法と縁が深いらしい。おそらく工場の奥に秘密の扉があり、それを抜けると霧深い森で、リンゴを持った魔女が鍋でぐつぐつ煮ているはずだ。

この魔法の粉、「都こんぶ」の場合はアミノ酸系統の甘み成分とされるが詳細は秘中の秘。私もいろいろ調べてみたが、詳細を知るためには魔女を訪ねて童話の森に入るしかないらしい。

さて昆布だ。まず指摘したい大いなる誤解がある。海草と海藻だ。海草はいわば水中植物。花を咲かせて実を結び、種子を使って繁殖する。松坂慶子嬢が歌った『愛の水中花』はこちらとなる。

一方、海藻は藻だ。海苔(のり)などに代表されるが花は咲かないし、胞子によって繁殖する。昆布は海藻のほうである。したがって種は産出しない。

すると子持ち昆布というのはなにか。そんな声が聞こえたが(これは私自身の声だった)あれはニシンが昆布に産み付けた卵だ。ニシンの卵はお腹にある間は数の子で、産み付けられたら子持ち昆布になるわけだ。

誰もが一度は目にした
「都こんぶ」の赤い箱

我々と昆布の歴史は長い。日本の昆布は紀元前八二〇年頃にはすでに昆布（綸布と記述）の名で中国の文献に見られる。現在は海帯（ハイダイ）と呼ぶそうで、着物文化圏らしい巧みな言い回しである。

中国は歴史的に内陸に都を築いたので古くから盛んに昆布を輸入したという。ヨード不足による風土病対策に欠かせない存在だったのだ。現在では七〇万トンとも八〇万トンともいわれる膨大な量を養殖する世界一の昆布王国となっている。中国の最初の記述から時代が下って和銅八年（七一五）、日本では『古事記』に昆布が朝廷に献上されたと記されている。わざわざ記録するほど貴重な品だったのだ。

おもしろいのは鎌倉時代、仏教信仰が世に浸透するが、朝廷ではカツオブシで出汁（だし）を取るのに対して精進（しょうじん）料理を口にするお寺では昆布を出汁に使用していたという。

やがて室町時代に蝦夷地（えぞち）との交易が開始され、本格的に昆布が本州に出回るようになるが、庶民に広まったのは江戸中期らしい。それまでは公家や武士など特権階級の食材だったようだ。

また戦国時代には兵の携行食や籠城の際の食材として昆布が珍重された。松永(まつなが)弾正(だんじょう)は城に昆布を三年分蓄え、加藤清正(かとうきよまさ)は熊本城の壁の内部に、隙間なく敷き詰めたという。

現在でも昆布を使った菓子を天皇に献上している伝統がある。これは「求肥(ぎゅうひ)昆布」という菓子で、砂糖液で昆布を煮詰めて表面を砂糖で覆ったものだが、どことなく当初の「都こんぶ」を思わせる。京都と昆布は甘酸っぱい関係なのだろうか。

日本、中国、台湾などで盛んに好まれた昆布だが欧米では昆布を食べてこなかった。むしろ「材料」と見なしていたようだ。

十七世紀後半のフランスでケルプ工業というのが勃興する。これは昆布を焼いた灰をヨードや石鹸(せっけん)、ガラスを作るソーダに利用していた。

ベルギーやイギリス、フランスの海岸部では昆布を椅子や子供用ベッドの詰め物にした。臭気が虫を防ぐとして重宝がられたらしい。またタスマニアや南アメリカでは昆布で桶や水甕(みずがめ)を作ったという。

しかし昆布臭のするベッドに寝かされた子供はどんな夢を見たのだろうか。お魚になって大海原を泳いでいたかもしれない。昆布の桶などは水を溜めているだけで出汁ができそうで便利な気がする。

ワインがワイナリーによって銘柄を変えるように昆布もまた産地によって名前

が変わってくるという。ヒダカコンブは別名ミツイシコンブであり、ラウスコンブはオニコンブのこと。日本ではこれら四十五種の昆布を産するが、その九五％は北海道に集中している。

食べ方にも地方色があるようで、北海道では出汁のみに利用するのが主流。出汁を取った後の昆布は多くの家庭が捨てるという。

東北では地元で取れた薄い昆布の葉のみを食べる。青森南部は「すき昆布」（茹でてぬめりを取り、細切りシートに干したもの。わかめのように使う）を食すが、津軽ではその習慣がないらしい。

なにかと対立する東京と大阪は昆布に関しては協定を結んでいるのか、いずれも出汁、とろろ、おぼろ、佃煮（つくだに）などを口にしている。

北陸では出汁を取るのに使う他、特にとろろ昆布、おぼろ昆布が多く食されている。九州では北海道と反対で出汁に使わず、煮た後に出汁を捨てて葉だけを食べる。沖縄特有なのが低たんぱくの豚肉と昆布の組み合わせ料理だ。

ちなみにテレビや映画のスキューバダイビングで巨大な昆布の森と遭遇するシーンを見かけるが、あれはジャイアントケルプと呼ばれるもので五〇〜七〇メートルにまでなる。でかいな、うまそうだなと想像してしまうが食材にはならないそうだ。残念。

カリカリ梅

固さに秘密あり

とどめとして、みたび赤くて酸っぱいおつまみを取り上げる。「カリカリ梅」である。駅弁などでもご飯の上にのっかっていてお馴染みだが、はて、どうしてあの梅はカリカリなのか。

調べてみると意外な事実と出くわした。「カリカリ梅」は起死回生の商品だという。以下、小さな赤い一粒、「カリカリ梅」誕生秘話を史実を元にドラマ仕立てにしてみる。

昭和四十四年（一九六九）、群馬に拠点を構える赤城(あかぎ)フーズ株式会社は困ってい

カリカリ梅

た。なぜかというと梅の一大産地である群馬（和歌山に次いで二番目）だというのに、その年は梅がまったくの不作だったのである。

赤城フーズは漬け物メーカーとして梅製品を手がけていた。このままでは翌春には深刻な原料不足に陥ってしまう。なんとかしなければ。

そこで社員一同、群馬や長野の山間部をかけずり回り、すみませんがと農家の自家用梅漬けをわけてもらい、なんとか顧客の注文通りに商品を提供することができたのである。

ここで注意してほしいが彼らが集めたのは梅漬けである。「カリカリ梅」もそうだが、梅漬けには製造工程に日干しが加わっていない。したがって厳密には梅干しとは別だ。

ともあれ、ほっと胸をなで下ろした彼らだったが、ふと見ると農家から集めた内の三樽が倉庫の隅にわけて置かれている。あれはなんだっけと誰か。

ああ、あれか。あの樽の中身は梅が固くて仕方ない。商品化には向いておらんと思って別にしておいた、とまた誰か。

ここで注意してもらいたいが、当時の梅漬けは柔らかいのが当たり前だったのである。まあ、まだ「カリカリ梅」が生まれていないから当然なのだが。

そうか、固くて駄目か。ならしばらく倉庫で様子を見たらどうじゃと、またまた誰か。こうして三樽は一年間、そのまま放置された。

これは普通の梅干し

さて一年後の春、そろそろ柔らかくなっていないかと誰かが樽を開けてみた。駄目だな、まだ固くてカリカリのままだとその誰か。

なんだってと当時の社長、松永秀雄氏が確認のためにその梅漬けを食べた。確かに固くてカリカリだ。だが、これは……と同時に脳裏に懐かしい思いが湧いた。この梅漬けには憶えがある。そういえば子供の頃、塩漬けしたての梅を食べた。これはあの味とカリカリとした心地よい歯触りそのままではないか。

こいつはいける。商品になる。おい、この樽はどこでわけてもらってきたと社長が尋ねるものの、誰もが首を傾げるばかり。自家用の樽だ。わざわざ自分の家の名前など書かない。むろん樽のほうも私はと名乗らず、黙っている。

よし。わからないなら出どころ探しだ。すみません、どなたかカリカリの梅漬けは知りませんかと一同があちこちを尋ね歩いた。そして辿り着いたのが長野の一山村。

ああ、カリカリの梅な。あれはな、ここらで民間伝承される製法なんだよと農家の答。ああ、僥倖。どうか御指南ください。

よしよし。いいか、稲わらのすすから作った灰汁を使うと自然の梅の固さを保ち続けるんじゃ。そういうことじゃ。

なるほど、ありがとうございます。しかし梅の不作という窮余の事態が思わぬ展開を生んだな。みんな、さっそく会社に帰ってカリカリの梅漬け作りだと一同は群馬へ。

こうしてメンバーは民間製法を突き止めたが、また誰かがつぶやく。ところで社長、わからないのですが稲わらのすす灰汁を使うと、どうして梅は柔らかくならずにカリカリのままなのでしょうか。

そうだな、なんでだろうか。化学的に分析してみる必要があるな。一同は研究に研究を重ね、試行錯誤の結果にカルシウムを使うと同じ結果が得られることを発見した。

そうか。カルシウムが梅のペクチンに作用して梅がカリカリのままになるんだな。ユーレカと研究室に歓喜の声が上がる。

世界初のカリカリ梅の誕生だ。日本初の工場生産、近代製法だ。カリカリ梅バンザイ。時は昭和四十六年（一九七一）、こうして「カリカリ梅」は産声を上げたのだった。

さて当時、日本は高度成長期を迎えており、食品業界にもさまざまなニューウェーブが巻き起こっていた。そんな最中、「カリカリ梅」を食べた客はつぶやく。

おや、これは。柔らかいのが当たり前だった梅漬けだが、こいつはカリカリしていて、なんとも心地よい歯ごたえだ。漬け物業界の新風ではないか。しかも真っ赤だ。

ああ、それは赤紫蘇で色づけしてあるんですよと誰か。こうして「カリカリ梅」

はあっという間に世間に受け入れられて大ヒット商品になるのである。

さてここで化学の時間である。なぜ、稲わらのすす灰汁なのか。実は含まれているカルシウムなのである。まず梅にはペクチンという成分が果肉に含まれている。

梅をそのまま漬け込むとペクチンが果肉から溶け出して梅は柔らかくなってしまう。それを防ぐのがカルシウムだ。まだ未成熟の青梅の段階で収穫した梅にカルシウムを使うことで、ペクチンはペクチン酸カルシウムとなり、溶け出すことなく固くカリカリしたままに保てるのだ。

創業明治二十六年（一八九三）、群馬でもっとも古い漬け物メーカー、赤城フーズ。なんでも梅には邪気消滅・活力増進・無病息災・五臓調和・心身爽快の五つの効能があるという。ここに起死回生の一語を加えたい顚末（てんまつ）だ。

シラス

一網打尽、一筋縄とはいかず

小皿に小盛りにされる白いおつまみ。ときどき小さなイカやタコがまじっていたりもする、おつまみ界の水族館。ご存知、シラスである。今はアレルギーの関係で混入物は除去されるそうだが、シラスを食べていて不意に小さなカニやエビに出会うと海底探検したようで得した気分になったものだ。

シラスは関西でいうところのちりめんじゃこ。正体はイワシの稚魚だと聞いてはいるが、ともかく小さい。そこで不思議に思う。こんな小さな魚をどうやって捕っているのか。小さな漁師さんがいるのだろうか。

ウルメイワシ

カタクチイワシ

シラス（イワシの稚魚）

まず親のほうから紹介したい。シラスの親はカタクチイワシ（片口鰯、学名Engraulis japonicus）。ニシン目カタクチイワシ科に分類される魚の一種で、さまざまなかたちで大から小まで我々、人類の口に入っている。とても重要な魚なので、おもな利用法をまとめてみた。

●畳イワシ　稚魚を板海苔状にまとめ干物にしたもの。漫画『酒とたたみいわしの日々』にも登場する。

●白子干し　稚魚を塩茹でし、干したもの。乾燥度合いにより「しらすちりめん」「太白ちりめん」「上乾ちりめん」に区別される。当然だが「釜揚げしらす」は干していない。

●煮干し　茹でて乾燥させたもの。主に出汁をとるために利用される。個体の小さいものは白子干しと同様に食されることも多い。

●目刺　立て塩をした後、数匹ずつ竹串に刺して干した干物。乾燥度合い、内臓の有無により「若干し」（内臓なし）と「丸干し」に分けられる。

●田作　ゴマメ（小型のカタクチイワシを素干ししたもの）を砂糖と醤油で煮絡めたもの。おせち料理の祝い肴。

●ビアンケッティ（イタリアのシラス）　唐辛子に漬けて発酵させたロザマリーナがある。

イワシがいかに重要か、ご理解いただけただろうか。乾物界はイワシのオンパ

畳イワシ

レードなのだ。もしイワシが絶滅すれば、割烹（かっぽう）から蕎麦（そば）屋、うどん屋まで軒並み閉店するしかない。

前述したイワシの利用法で最も多いのはやはり干物で、良い干物の決め手は原料の鮮度であるため、加工作業は時間との戦いとなる。カタクチイワシが水揚げされると港や加工場は、てんやわんやの大騒動だそうだ。

ここで水揚げと書いたがカタクチイワシは日本で最も漁獲量の多い魚で、日本各地で巻き網や地引き網などで漁獲される。

ははあ、わざわざ親を紹介したのは、このせいか。まだ赤ちゃんのシラスはお母さんと一緒だろうから親と一緒に召し捕られているんだな……そう思った読者は早計である。否、シラスには親とは別にシラス漁がある。そして魚が小さいから網の目も小さいものと誰しもが考えがちだ。これも否。

シラス漁に使われる網の構造は、一＝大引網、二＝腰網、三＝袋網と徐々に網目が細かくなっていく。これは宮崎の水産会社のサイトで勉強させてもらった。一と二は、網とはいうものの、魚がかかることはなく、船が引っ張る水圧を分散し、大きな魚を逃す役目をしている。お目当てのシラスを捕獲するのは最後の袋網で、網目は三ミリほどだ。小さいシラスはこれでも逃げていくという。

一方、田子の浦の漁協によるとシラス漁の船はかつては木造船だったが今ではＦＲＰ樹脂製で四トン以上もあり、魚群探知機も備えているという。こちらは単

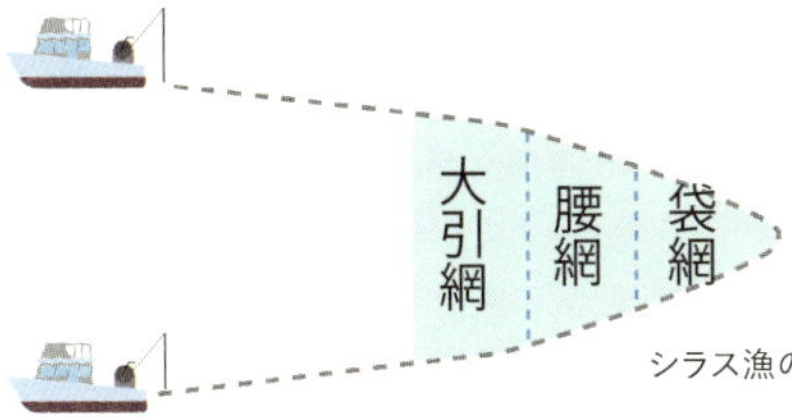

大引網
腰網
袋網

シラス漁の網

船で出漁するようで、長さが二〇〇メートルを超す長い網でシラス選別用の二重構造となったものを利用するそうだ。

こうして各地の漁協を通じてシラスは業者へと手渡されていくのである。シラスと一言でいっても、そこには人類の叡智と汗の結晶が見られるのである。

さて、ここまでシラスを念仏のように唱えてきた。すると新たな命題が浮かんだ。イワシとの親子関係についてである。

私はシラスに関してはずぶの素人（しろうと）であった。従って原稿を執筆しつつ、念のために所有する国民的辞書で確認してみた。するとシラスとは、「①シロウオの別称、②カタクチイワシ・ウナギ・アユなどの稚魚の称」とある。

はて、シラスとはシロウオだったのか。変だな、カタクチイワシの赤ちゃんだけでなく、ウナギやアユの稚魚ともあるぞ。シロウオだって？　君は誰？　とページを繰ると、「ハゼ科の海産の硬骨魚。シラウオとは別目」とある。

うん？　わざわざシラウオとは別目だと。君も誰だ？　とシラウオを見ると、「シラウオ科の硬骨魚。シロウオは外観も習性も本種と似るが別種」という。

困ったな。ややこしいぞ。まてまて、そもそもはちりめんじゃこだ。とスタート地点を調べると、ちりめんじゃこは、「イワシ類の稚魚を茹でて干したもの。また、ハゼ科のシロウオを煮て乾かしたもの」と振り出しに戻った。

イワシ類の稚魚でありつつ、シロウオでもある？　なんだろう。なにかしら。

シラスの親子関係はどうなっているのか。ページをめくるたびに、ゲシュタルト崩壊しそうだ。自己破綻する前に要点を整理してみる。

●シラス＝シロウオの別称。またはカタクチイワシ・ウナギ・アユなどの稚魚。

●シロウオ＝ハゼ科の魚、シラウオとは別。

●シラウオ＝シラウオ科の魚。シロウオのそっくりさん。

●ちりめんじゃこ＝イワシ類の稚魚を茹でて干したもの。ハゼ科のシロウオを煮て乾かしたもの。

なんだかあちこちから魚が大集合で会議している具合になった。煎（せん）じ詰めるとシラスはシロウオということになる。するとイワシはどこへいったのだろう。自分の子をシロウオに里子（さとご）に出して消えたのか。

改めて異なる辞書に当たった。するとシラスとはイカナゴ・ウナギ・カタクチイワシ・マイワシ・ウルメイワシ・アユ・ニシンなど、色素がない白い魚の稚魚の総称。シラウオ、シロウオとよく混同されるとあった。

なるほど、そうか。シラスがごちゃまぜとなるのは、魚種の多さ、季節によって捕れるものが違うかららしい。思わぬ親切をこうむった。シラスとはいわば白い稚魚のＮＨＫ用語のようなものだったのだ。

キャビヤ

親も子も似て非なる者

　一仕事終えて自宅がある駅に着く。まだ時間があるのでネオンに誘われて酒場へと足を向ける。適当に選んだドアをくぐると初めての店だが居心地は良さそうだ。

　しかも女子大生らしき乙女がカウンター越しにお通しを出してくれるではないか。見ると小皿に盛られたおつまみ、黒い魚卵らしい。

　ここであなたは一瞬、身構える。よく見ると、これはキャビヤではないか。しまった。適当に選んだ店だが、ややこしい騒動に及びそうだ。財布の中身は心細いのに。

心配することはない。現在、本物のキャビヤはきわめて貴重で、普及している

チョウザメ

のは代用品。トビウオの卵であるトビコを黒く染めた廉価品だ。カスピ海産が一瓶で数万円するのに比べ、こちらは数百円だから一安心である。

といってもこの代用品のトビコは近年、漁獲量が減ってきており、トビコをシシャモの卵で代用するようになった。キャビヤ↓トビコ↓シシャモの卵と影武者が続いているわけだ。

有名人にはそっくりさんがつきもので、キャビヤには他にニシンの卵やランプフィッシュ（ダンゴウオ科の大型種）の卵（前ページに掲載したのも、予算上これである）、さらには人工キャビヤまである。とはいえ、影武者のトリを飾るかに見えたシシャモ自体も現在は漁獲高が減り、樺太シシャモ＝カペリン（キュウリウオの仲間）なる別種の魚卵でキャビヤを代用するまでになっている。

もはやキャビヤ及びその周辺は代用品の無限連鎖に陥っているといってよい。

一体、カスピ海でなにが起こっているのか。磁場でも狂っているのか。

なぜキャビヤがこれほど貴重になったかというと、そもそも親であるチョウザメの漁獲高が激減しているためだ。

カスピ海を悠然と泳ぐ髭の紳士淑女（メスにも髭がある）、チョウザメ。このチョウザメは成長に二十年を要し、成熟してからも非常に長い寿命（四十年とも）を保つ。その間に何度も産卵する。

だからチョウザメを漁獲してキャビヤを採取することは個体を殺しているわけ

で、つまり生きていればまだ何十回としていたであろう産卵の可能性を奪っているのだ。

そのむなしさをはかなんだのか、二〇〇六年のワシントン条約においてカスピ海産のキャビヤの国際取引は当面禁止とされている。そのために最近では我が国も含めて盛んに養殖が試みられている。

キャビヤはまさに魚卵界の宝石。中でも相対的に価値が高いとされるのはカスピ海産のキャビヤだ。同じチョウザメの種でも別の地域では餌としているプランクトンが違うからなんだとか。

さらに同じカスピ海でもイラン産よりもロシア産のほうが高級とされている。ロシアは川を遡上(そじょう)するチョウザメ(まるでサケだ)を捕らえるが、イランは釣ったチョウザメからキャビヤを採取する。

この釣り上げるという作業が加わっているためにイラン産のキャビヤはストレスがかかっているらしい。使われる塩も別種である点が理由のひとつだという。

ではあなたがチョウザメを一匹、釣り上げたとしよう。さてどうするか。キャビヤを取り出して終わりにするか。それとも「せっかく」だから食べてみるか。

それが正しい。チョウザメは卵だけでなく、頭から尻尾まで食べられるそうだ。肉は刺身にたたき、バッテラ、マリネ、塩焼き、燻製(くんせい)、鍋物まで。

骨は三枚に下ろしたあとの背骨をそのまま唐揚げや天麩羅(てんぷら)にする。皮は湯引き

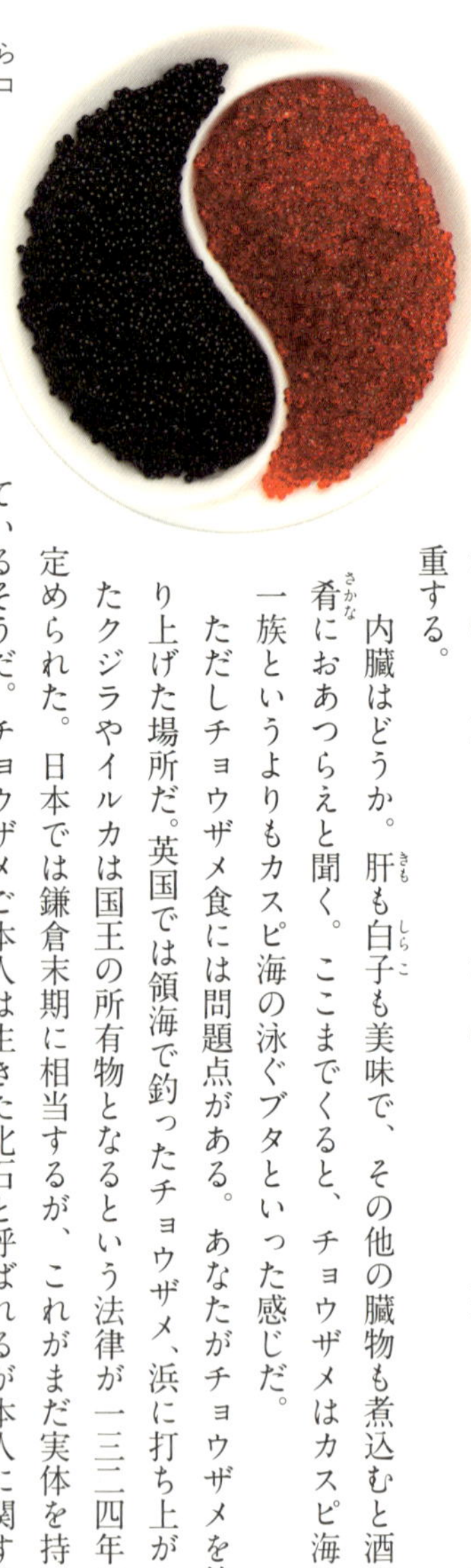

赤なら寿司ネタ、黒なら
代用キャビヤになるトビコ

して和え物に。頭はスープの出汁。特にロシアでは三番ダシをスープに珍重する。

内臓はどうか。肝も白子も美味で、その他の臓物も煮込むと酒の肴におあつらえと聞く。ここまでくると、チョウザメはカスピ海の一族というよりもカスピ海の泳ぐブタといった感じだ。

ただしチョウザメ食には問題点がある。あなたがチョウザメを釣り上げた場所だ。英国では領海で釣ったチョウザメ、浜に打ち上がったクジラやイルカは国王の所有物となるという法律が一三二四年に定められた。日本では鎌倉末期に相当するが、これがまだ実体を持っているそうだ。チョウザメご本人は生きた化石と呼ばれるが本人に関する法律も化石並みである。今も岸から三マイル以内で捕まえた場合、まず女王にささげる忠誠の意を示すために王室に連絡しなければならないという。デンマークにも同様の法律があるらしい。

キャビヤとチョウザメに関する疑問が今回の調べで解決でき、なんとか無限連鎖を脱することができたように思えた。だがさらに続いた。

ここまでずっと「キャビヤ」と表記してきたが、なにか違和感がある。もしかして正しくは「キャビア」といわなかったか。

どっちでもいいはずはない。イタリヤかイタリアか、山川惣治は『少年ケニヤ』

だったはずだ。オーストリヤかオーストリアか。どっちなのか。カンガルーのいないほうとでも注記するのか。

似て非なる表記の「キャビヤ」と「キャビア」。この「ヤ」と「ア」の問題について昭和二十九年（一九五四）の国語審議会の報告は「.iaのaは原則としてアと書く」と示している。平成三年（一九九一）には「外来語の表記」という基準もできて「ア」と書くことが標準となった。つまり現在では「キャビア」が正しいことになる。

もしあなたが英国の岸辺でチョウザメを釣り上げたら、さっそく王室に連絡しよう。女王陛下に忠誠の意があると。

その際に、釣り上げたのがサメだと報告しても「なんだって?」といわれることになる。英語ではスタージョン。このチョウザメはそもそもサメではない。見た目がサメに似ているからそう呼ばれている「魚」だ。なんともキャビアは親からして似て非なる存在だったのだ。

エビせんべい

正しかったビタミンAB

まだ私が子供だった頃、大人たちはエビを目にすると「お、ビタミンABだ」といって笑っていた。愚にも付かない駄洒落の言い回しだが、昔の大人は可愛いものだった。

こんな駄洒落を今、口にすると「つまらない」と一蹴されるか、「あらそう。本当なのね。だったら、ちゃんと説明しなさいよ」と声が飛ぶだろう。

「説明できるの。できないでしょ。あなたはいつだってそうなんだから」と、そうでない場合も多いのに、こんこんと説教されてしまいそうで躊躇してしまう。

奴むすび

ところがエビには正しく、ビタミンABが存在する。ばかりでなく、他にもビタミンがあるのだ。いいですか、お嬢さん。そこに座りなさい。

エビにはね、ビタミンAだけでなく、B_1、B_2、B_6、B_{12}、C、D、Eまであるんだよ。おまけに栄養ドリンクでお馴染みのタウリンも含んでいるから「ファイト一発」って寸法なんだ。私も今回、初めて知ったけど。

「あら、そう。結局、あなたよりも昔の大人のほうが賢かったってことじゃない」と、どこまでもこちらが悪者にされてしまうので話を本題に進める。

おつまみ界のエビ。これはせんべいにされることがほとんどだ。関西でいう「ふきよせ（袋入りの各種せんべいの詰め合わせ）」をご存知だろうか。

個人的にはあの袋にまじっている、よじれた細く赤い棒（今回の調べでエビせんと初めて知った）が好きだが、同じ袋に紅白の撚（よ）り合わせたタイプも入っている。

慶賀を感じさせるものだなとは思っていたが名前が分からない。そこで調べてみると一色屋のサイトでは商品名「奴（やっこ）むすび」とあり、「ねじり結びのえびせんべい」と説明されていた。

ねじり結びだったのか。コブラツイストか卍（まんじ）がためを想像していたがプロレスにはいかず、大名行列の先頭を選んだのね。

エビせんの代表格は「えび満月」だろう。まん丸の白いお月様に真っ赤に輝くエビ。はみ出したり、かたちが崩れたりしておらず、月面上でとても行儀がいい。

このエビせん、製造元の三河屋では機械で成型したベースに「あおさ」とともにエビを機械で振りかけて、風で余分を飛ばす。まん丸い中に見事に鎮座する仕上がりはてっきり手作業かと考えていたが、機械とは。よほど精巧なのか。

一枚物の大きな赤い丸のエビせんべいは、「えびみりん焼」。エビをすりつぶして粉状にし、ジャガイモのでんぷんと一体化。液体ではないさらさらした状態で、鉄板で上下にぐっとサンドイッチに締める。

するとばちばちと小さな爆発を起こして真っ平らな月面が焼き上がる。爆発の正体はでんぷんの膨化力だそうだ。エビせんの産声（うぶごえ）はなかなか元気だ。

エビせんは愛知県産が圧倒的に多い。スーパーの棚の一面を占有して各社のエビせんが主張していると聞く。生産量が日本一、国内シェアは九五％。もはやせんべい界のガリバーだ。

地元、知多（ちた）湾でとれた体長数センチほどの「アカシャエビ（クルマエビ科）」を主な原料とするが、昔はこのエビが捕れすぎて使い道に困り、家畜の餌にしたり乾燥させて中国は清に輸出したりしていたという。

「カジエビ」の名前で中国へいった彼らは柔らかく水戻しされ、コーンスターチとともに焼いて加工され、庶民には手の届かない高級エビせんべいになって日本に里帰りしていた過去がある（なるほど、トウモロコシか。それならひと味違うわけだ）。

時代が下って明治時代、愛知県にある安休寺（あんきゅうじ）の門前。ここにかまぼこ製造を

えび満月

営んでいた「かまぼこ文吉」がいた。文吉は練り物には一家言ある。ある日、中国からのエビせんを口にして脳裏に走るものがあった。

これはいける。そやけど高い。いっそ、乾燥エビの代わりにそこらで捕れる生エビを使ったら、どうやろう。エビ本来のうまみも増すはずや。肉挽きでひいて、ジャガイモのでんぷんに混ぜ合わせて焼いてみたれ。

ばちばち。我が国初の小さな爆発をともなって、エビせんべいができあがった。なんとも威勢のよい産声だ。泣く子は育つというが本当である。

続いてエビせん史に「ひげ貞」が加わる。ヂャカラン蒸し器で大量にエビを下処理し、包丁で細切れにしてから、でんぷんに混ぜて焼く製法を考案した。ひげ貞が工程に着目したことでエビせんべいは高嶺（たかね）の花から庶民の口に届く大衆路線、大量生産の道へ進むことになった。二人の偉人にエールを送りたい。

ところでビタミンＡＢと大人たちが冗談を飛ばしていた頃のエビは大正エビが代表選手だった。ところがどうしたことか、この大正エビは今や日本から姿を消している状態と聞く。

まれに降臨されても一本千円といった高値だとか。大正琴も大正漢方胃腸薬も現役なのに、なぜに大正エビだけが蒸発したのだろう。

大正エビの名は大正時代に発見されたからではない。かつて中国渤海（ぼっかい）沿岸に大正エビことコウライエビが盛んに水揚げされていた。

そこに目をつけたのが当時の林兼（はやしかね）商店（現マルハニチロ）と日鮮組（現日本水産）だった。両者は合弁会社「大正組」を立ち上げ、渤海から盛んに大正エビを輸入する。しかし現地の乱獲のせいか、エビは枯渇し、日本への輸入は絶えてしまったのだ。

ちなみにエビの腹の真ん中あたりは両側に肺があるらしい。活きがいいので逃げないようにと強く摑みがちだが、逆にエビの首を絞めて呼吸困難にしているのだ。そっとやさしくつまむように。エビはどこまでも医学が寄り添う対象なのだ。

チーズかまぼこ

ドイツ圏から今夜もあなたに

にょろりと細長くて肌色。全身がツルツルした皮に包まれて先っぽに赤いタグ。どこかエロチックなおつまみ、チーズかまぼこ。

思わず今夜一晩おつきあい願うと口で吸ってしまうのは私だけだろうか。いや、きっとあなたもそうだ。チーズかまぼこの魅力には誰も勝てないのだから。

ところで、このチーズかまぼこはどなたの発明なのだろうか。歴史を紐解いていくと株式会社丸善（まるぜん）の「チーかま」にいきあたった。ここからは「チーかま」誕生秘話である。

丸善は東京上野に昭和二十年（一九四五）、丸善商店として産声（うぶごえ）を上げ、その後、

株式会社となり、水産加工工場を建設、魚肉ソーセージやハムの製造販売を開始する。

「チーかま」は登録商標だ。パッケージにも「チーかまと呼べるのは丸善だけ」と述べられている。使用しているのはオリジナルチェダーチーズだとも注記されている。

丸善のモットーは「手軽で、栄養バランスのとれた食品」、「おいしい、夢のある食品」である。このモットーのもと、丸善の東京食品研究所につとめていた村上清氏は日夜、開発にいそしんでいた。

そんなあるとき、ドイツのソーセージにチーズを入れたものがあるとする文献資料を目にした。おお、ソーセージの中にチーズか。これは夢があるではないか。

村上氏はここでひらめいた。まてよ、こいつをかまぼこに応用できないか。水産加工業らしい発想だったが、ここからは艱難辛苦、試行錯誤が続く。苦しかっただろう。つらかっただろう。いっそこのままと何度も思っただろう。

だが努力は必ず実る。そしてついに昭和四十三年（一九六八）、「チーかま」はまず「おらが幸」としてデビュウの運びとなった。ネーミングは北海道の牛乳や海の幸を使っていることに由来するという。

これを小学校の学校給食に売り込んだところ、チーズが嫌いだという子供にもおいしいと好評だった。

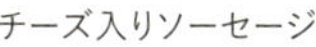
チーズ入りソーセージ

いわれてみるとチーズかまぼこは、いつ頃からか給食についてきた記憶がある。こうしてチーズかまぼこは坊やのおやつに、お父さんのおつまみにと確固たる地位を築いていったのだ。

しかしかまぼこはすごい。チーズだね、ああ、入ってきていいよと合体を許すとは練り物の包容力は底知れない。それともなにかを詰めてよと相手の本能に働きかけるのだろうか。

丸善では「チーかま」以外に「からし明太子入り」や「ツナマヨネーズ入り」がラインアップされている。かまぼこにはどこまでも相手を受け入れる懐の広さがあるのは確かだ。

ところで村上開発員が文献で目にしたドイツのチーズ入りソーセージとはどんなものなのか。気になるので調べてみると、これはケーゼクライナーであった。

ドイツではなく、正しくはオーストリアの名物だという。いずれにせよ、ドイツ圏であることに変わりはない。ドイツ圏はヴルストの本場で多種多様なソーセージを屋台で売っている。

カリーヴルストは焼いたソーセージにケチャップとカレー粉をまぶしたもの。ヴァイスヴルストは白いソーセージ、茹でて薄い皮を剥いて食べる。

チューリンガーなんて名前のものもあり、落語の「寿限無」を連想するが、これはドイツ中部のチューリンゲン地方からくる。もしかすると本当は「寿限無」もドイツに源があるのか。

こんなソーセージがドイツ圏のあちらの街、こちらの街で日夜、ぱちぱち身を焦がしているのである。まさにドイツ圏の庶民のおつまみの定番といえる。

ところが昨今、このソーセージに戦争が起こった。やっぱりね。火のないところに煙は立たないというが、ソーセージは日頃、屋台で煙まみれだ。狼煙が上がって悶着となって当然かもしれない。

この戦争の発端はウィーンの人々が愛するケーゼクライナーを、隣国スロベニアが「製造発祥地は我が国だ」と商品名の専売特許申請を欧州連合の特許庁に叩き付けたことに始まる。というのもケーゼクライナーのクライナーはスロベニアのクライン地方を意味する言葉。ここに伝わるクランスカ・クロバサなる伝統的なソーセージに名を由来するというのだ。

ちょっと待て。申請が承認されれば今後、ケーゼクライナーと呼べなくなる。こいつは一大事だ。オーストリア国内は上を下へ。

オーストリアの新聞は「ケーゼクライナーがなくなれば売り上げに大きな影響を及ぼす」とスタンド店主の悲嘆の声を紹介。経済商工会議所などは「スロベニアの申請を葬るべきだ」と圧力行使の声さえあげた。さてその騒動の結果はというと、とんと報告されておらず、煙のように雲散霧消した様子だ。

1 赤色のシールをはがすと開け口ができます

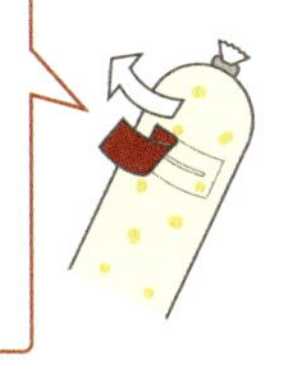

2 クリップ部を持って、開け口を広げるようにフィルムの合わせ目に沿って引きおろして開封します

丸善による「チーかま」の剝き方

戦争問題はあちらのこととしようと思う。だが我らがチーズかまぼこにも少しいざこざが生じているらしい。というのもパッケージが剝きにくいからだ。

丸善にも同様の声が寄せられているようで、以下のように答えている。いわく、赤い小さなテープの下の開け口を広げるように、クリップ上部を思い切り反らせて破くと簡単にいく、と（上図参照）。

ふうむ。帯に短したすきに長し、あちらを立てればこちらが立たずか。うまいものを食べるには努力を惜しむなということだな。しかし人類は決してひるまない。頭の部分をすべて切り落とさず、ぶらりと垂れ下げる風にする。これをファスナーのつまみの要領でじいいいと下げていけば、つるりと剝けるそうだ。何事にも平和的解決法があるのだ。

ラッキョウ

お釈迦様に禁じられた誘惑

あなたは今、真珠色に輝く、濡れそぼった小さなふくらみをつまんでいる。いけないとは知りつつ、誘惑に負けて、それを口に含んでしまった。途端につんと鼻に抜ける刺激。

ああ、ラッキョウ。君はどうしてこんなに刺激的なのか。あまりにその身を酢に委ねすぎているからか。それともカレーのつけあわせとして辛さに負けない主張が必要なのか。

京都ではラッキョウをあまり食べないという都市伝説がある。いわく「くさいから」という理由を京都の友人から聞いたことがある。

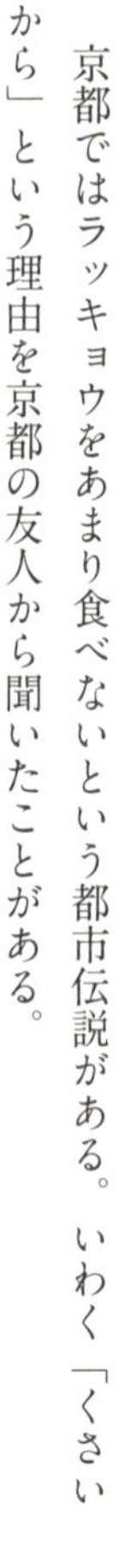

中国、ヒマラヤ地方の生まれで、なぜか鳥取砂丘や福井の三里浜など砂地に根付いたラッキョウ。これは彼らが、風が通り、日当たりがよくて、水はけに優れているところを好むからである。瘦せ地でも平気とくれば砂地はおあつらえむきではないか。

ラッキョウは仏教で食べることを禁じられた五葷のひとつとされる。精進料理においては避けるべき食材を大きくふたつに大別していて、ひとつは動物性＝鳥・魚・獣の三厭、もうひとつが五葷と呼ばれるネギなどの野菜類だ。

葷とは匂いの強い野菜のことで「臭菜也。从艸軍声（くさい野菜。部首はくさかんむりで音は軍）」と解字されている。この字を「なまぐさ」と訓読みするそうで、ラッキョウがくさいことは仏門では衆知の事実であるようだ。

京都にラッキョウ嫌いの都市伝説を探ってみると禅宗の寺にいきあたった。おや、山門の石碑になにか刻んである。なんだろう。「不許葷酒入山門」だと。住職、ご説明願います。

ふぉふぉふぉ、あれはな、くさい野菜や酒を口にした者は立ち入りを禁ずるという断り書きだ。うちはな、口のくさい奴は中に入れないんだよ。

ふううむ。お釈迦様は口臭エチケットに関してうるさいようである。歯ブラシ持参でなければ禅宗の寺には立ち入れない様子だ。とりあえず口をすすいでおこう。

アサフェティダ

それで住職。禁葷食にはなにがあげられているんですか。ふぉふぉふぉ、教えてやろう。ニンニク、タマネギ、ネギ、ニラ、ラッキョウ。またアギやエシャロット、行者ニンニクが入れ替わるパターンもある。

アギというのはセリ科の二年草、アサフェティダのことだ。香辛料の原料だそうでインドではウスターソースの元となっている。別名「悪魔の糞」だそう。

ううむ。なんだかインドはくさいものと因縁が深いなあ。いろいろな食べ物の話を聞いていたから、とにかく腹が空いたぞ。

おや、そこに食堂があるけれど蕎麦屋かな。食べるとしても仏門の場合は鴨南蛮などはもってのほかということになるのですか、住職。

ふぉふぉふぉ、深く考えすぎだ。いいか、仏教の大前提が不殺生とはいえ、古代インドまでさかのぼると意外にルールがルーズなのだよ。たとえば三種の浄肉なる考えがある。

これは、①自分のために殺すところを見た肉、②自分のために殺したと聞いた肉、③自分のために殺した疑いがある肉。これらにあてはまらない肉は食べてよいとしている。

となると、もはや不特定多数を相手にしている客商売は不問に付されるではないですか。そうなんだ。肉屋も食堂も行き放題だ。ビフカツでもすき焼きでももってこさせればいい。お飲物はと聞かれたら般若湯と答えなさい。

ラッキョウの花

分かりました。ええと、女将（おかみ）さん。メンチカツ定食ひとつ。それと麦の般若湯につまみはラッキョウ。住職が三種の浄肉以外は食べてよいといっていたもので。

ええと、ラッキョウですか。お客さん、ラッキョウにはね、根切りという細かい作業があるんですよ。この根切りは機械化の画期的な方法が見つかっていないんです。福井県の議会でも頭を悩ますほどで、ヤンマーさんが調製機を作ってくれたほどなんです。

とはいえ食堂だけに、私は朝から晩までチョンチョン根切りをするばかり。肩は凝るし、腰は痛いし、全身、ラッキョウくさくてたまりません。きっと剝（む）いても剝いても芯までラッキョウくさいに違いありませんね。悲しい女でしょ。

ええと、すると女将さんのところのラッキョウは自家製ですか。はい、大粒のものは八月に種球を植え、小さな紫の可愛い花が咲くのが十～十一月。翌年の六、七月に収穫します。

だけどね、お客さん。「花ラッキョウ」にする小粒のものはもう一年、畑に置き、三年目の六月頃に収穫するんです。実はね、お客さん、なんとラッキョウは長く栽培するほどに粒が小さくなるんですよ。

ははあ、そうなんだ。ラッキョウマジックですね。やはりインドと縁があるな。

それでね、お客さん。収穫後は当然、加工です。ここでラッキョウの品質を下漬けが決めることになります。

収穫後のラッキョウ

だろうな。人間はなにごともランク付けしなければ気が済まない。遺伝子の中にミシュランでもまぎれこんでいるのか。

おや、住職、いたのですか。ああ、いたよ。女将、私にも般若湯とラッキョウ。

さて、さっきの話の続きを聞こう。女将さん、頼んだよ。了解しました、住職。

下漬けとはラッキョウを洗浄して選別後、塩水に漬け込む工程です。この段階でラッキョウは白くなり、歯ごたえもよくなるのです。

ふぉふぉふぉ、ラッキョウが乳酸発酵している段階なのだな。え、住職。するとラッキョウは乳酸発酵食品、ヨーグルトの親戚だったんですか。

そうだ。今後、健康への効果が期待されるな。おっと、ラッキョウがきた。君、いいか。全部、食べるなよ。少し残すんだ。後ほど役に立つ。

というと住職。このままにしておけば、増えたりするんですか。いいや、馬鹿な。忍法じゃ、あるまいし。ここに釣り竿があるだろ。釣りだよ。

はは あ、この先に堤防がありますが、そこで夜釣りですか。しかしなぜラッキョウなのですか、住職。そこだ、君。

いいか、ラッキョウでイイダコを釣る技がある。イイダコには白い物に飛びつく習性があるためらしい。こいつは一石二鳥だろ。タコはおでんにして煮えるまで寺でラッキョウで一杯。

ナメコ

お椀の中のストッパー

あなたは「ぬめり」という言葉からなにを連想するだろうか。泥沼、踏んでしまった犬のウンチ、洗わない風呂の排水溝、押入に置きっぱなしの靴下。あるいはコーンポタージュスープだろうか。

「ぬめり」と「ねばり」は違う。ですよね。「ぬめり」のほうが「とろみ」が弱く、「ねばり」のほうが「とろみ」が強い気がする。

この「ぬめり」と「ねばり」の区分けはどこかの段階で線引きされるに違いない。ではその境界線はどこか。

なにをぶつぶつ言ってんの。とあなたが思いを巡らせているとカウンターの前にコトンと椀が置かれる。お椀からは温かい湯気が立ちのぼっている。

おや、女将。めずらしいね。おつまみじゃなくて味噌汁かい。ええ、秋ですからね。そうだな。もう秋だな。それにあなた、味噌汁もおつまみにしていいじゃない。

そうだな。秋は、なにごとも除け者扱いすると問題が生じるものな。俺なんか、生まれてこのかた、ずっと秋にはひどい思いをしてきた。特に子供の頃は。

あのね、除け者と秋は関係ないでしょ。それに、あなたと運動会については、さんざん聞いたわ。それより早く食べなさいよ。それとも、私の出したものが食べられないとでもいうの。

いやいや。とんでもない。それに秋だしな。さっそく、いただくことにしよう。ここであなたは首を縮め、改めてお椀を手にする。おや、なんだろうか。椀内の異変に気が付く。

よく見ると中身がなんだか「ぬめり」を有しているぞ。それに茶色い茸がいっぱいだ。おお、女将。これはナメコの味噌汁ではないか。

なにか問題あるの。まったく問題はない。むしろ小寒くなってきたからありがたいと思う。だったら、さっさとかっこめ。その言葉にあなたは味噌汁を一気に飲み干す。

あつつ。食べる前に結構、話した気がするけどナメコの味噌汁ってのは最後まで熱々だな。舌を火傷した。即座に水をぐびり。

落ち着いたかしら。あのね、ナメコの味噌汁はね、そこがいいところなの。汁物ってどうしても冷める宿命を帯びているけどナメコの味噌汁は、いつまでもあったかいでしょ。

確かになと感じた後に待てよ、とあなたは思う。思わなくてもいいが、どうしても思ってしまう。そしてお椀を注視する。

手にしている、ぬめりのある液体の中に赤い切片、ニンジンがじっとしている。まるで金魚が静止しているようだ。金魚鉢の中のように。

なんだ。どういうことだ。普通の味噌汁では、ニンジンも豆腐もわかめと一緒になってお椀の底に沈んでいるはずだ。ニンジンは金魚ではない。なのにいつまでも汁の中空にあるぞ。

ふふん。いいところに気が付いたわね。ここからは科学の時間よ。あのね、ナメコの味噌汁は全体にぬるぬるが生じているでしょ。このぬるぬるが味噌汁のストッパーなの。

ストッパーとは九回裏に出てくる投手か。それは広島時代の江夏でしょ。それに江夏はとっくに引退しているわ。すると誰なんだ、このストッパーは。

阪神の藤川でも横浜の佐々木でもないわよ。ナメコのぬるぬるそのもの。直球一本槍です。ストッパーとはナメコのぬめりそのものなのか。そうか。九回裏は

野生のナメコ

試合が泥沼なんだ。

野球から離れなさい。いいこと。通常、温かいお湯は空気と接している上部の温度が冷やされて下にいき、下にあった熱いお湯が押し出されてくる。このようなぐるぐる運動に対してナメコのぬるぬるは歯止めとなるの。ぬぬぬぬ。つまり、普通の味噌汁に見られるような、お湯のぐるぐる運動をナメコ汁はしないのか。確かにニンジンはぐるぐるしていないぞ。

ここであなたは再び思う。本当は思わないほうがいいのだが、どうしても思ってしまう。あのさ、女将、聞きたいんだが。ナメコって、押入に入れたままの靴下みたいなものか。だからぬめるのか。藪(やぶ)は暗いし。

なに言ってるの。ナメコはね、成長すると傘にぬめり(ムチン)が出るものなの。でも傘が開ききるとぬめりがなくなる。不思議ね。スーパーで売ってる瓶詰めは人工栽培したエノキタケを醤油で煮たからだけど。

なに、するとナメコの正体はエノキタケなのか。違うわ。ナメコは本来のナメコ以外に地方名があって、エノキタケ、ナノスギタケ、ヌメリタケなんかがナメコって呼ばれるの。いわばヌルヌル茸チームね。

そう述べて後ろを向いた女将の背中がなにか気にかかる。そしてふと古い記憶があなたの脳裏をよぎる。小学校へ出かける前の母親の背中だ。

おいしいお弁当をいつも準備してくれた。タコのウィンナーもウサギのリンゴも入れてくれた。なのに秋の運動会であなたはリレーの選手にいつも選ばれなかった。

玉入れも、組み体操もメンバーにされなかった。そもそもゼッケンさえ、もらえなかったではないか。思えばあなたの秋は嫌なことばかりだ。

ふわりと秋風が漂う。そうか。匂いか。とあなたは気が付く。鼻は記憶を司る海馬に直結している。したがって昔の嫌な記憶と密接な関係にある。

これをプルースト効果という。『失われた時を求めて』を書いたフランスの小説家プルーストだ。

待てよ。するとコーンポタージュスープは。とあなたは思う。本当は思わないほうがいいのだが、どうしても思ってしまう。朝は忙しい。特に秋は。だが、これからは思う。このぬるぬるはなんだろう、と。

サラミ

目に薄切りを付けると

セサミはゴマだ。

ハラミは焼き肉だ。

ではサラミはなにか。

ソーセージだ。ただし単なるソーセージではない。水分が三五％以下のドライな奴だ。

嘘ではない。JAS規格でそう定められている。サラミと間違われる一口サイズのおつまみに「カルパス」があるが、こちらは水分が五五％とセミドライだ。こちらもJAS規格なんだ。

我々とソーセージの歴史は長い。メソポタミアでシュメール人がブタの腸に塩漬け肉を詰めたのが付き合いの始まりだ。

メソポタミアとはなにか。メソは「〜の間」。ポタミアは「大きな川」。つまりチグリスとユーフラテスに挟まれた地域だ。ここでシュメール人はくさび形文字を刻むとともに肉も刻んでいたらしい。

結論を告げよう。塩である。サラミは塩、キプロス島の古都サラミスに由来する。ここの名産の塩を使った肉の保存食がサラミだ。ローマ軍の軍事食料の中心だったらしく、カエサルも好物だったと聞く。

ですよね。ああ、そうだとカエサルが答える。つまりサラミはイタリア発祥のソーセージということですね。ああ、そうだ。私が請け合うとカエサル。

だがな。カエサルが続ける。サラミと間違われることが多いカルパスはというとロシアが起源なんだ。カルパスはペサハのセーデル、ユダヤ教の象徴的で重要な晩餐、過越(すぎこし)の祭りに出される。

ええと、過越の祭りというとヘブライ人がエジプトから脱出したことを祝うものですよね、モーセさん。聖書にも由来していると聞いてますが。

ああ、そうだ、とモーセ。出エジプト。思えば長くつらい旅だったな。よく海が割れてくれたものだ。パンを天から降らせる必要もあったし、まったく奇跡的な成功といえるな。

ええとモーセさん、確か過越の祭りの食卓に並ぶものにも、それぞれ謂(い)われがあるんではなかったですか。

函館にあるカール・レイモン銅像

そうだ。焼いた羊肉は犠牲のヒツジの象徴。ゆで卵は神殿崩壊の嘆きを表す。苦菜（にがな）はエジプトで奴隷の境遇に落ちたユダヤ人が流した涙なんだ。

そうですか。想像を絶する苦難があったんですね。だがな、とモーセ。そんな苦難がソーセージにもあり、それと闘った人物が日本にいた。

ああ、伝説のカール・レイモンさんですか。そうだ。またの名を「胃袋の宣教師」とも呼ばれる。サラミが日本に普及したのは一人のチェコ生まれのマイスター、カール・レイモンの血の滲（にじ）む努力によるんだ。

知っています。旧ボヘミアに生まれたカールは食肉加工職人として家業を継ぎ、各地を遍歴します。そしてこの旅で日本に立ち寄ったカールは函館で最愛の妻コウと出会うんですよね。まるで朝のテレビ小説だ。

ああ、大正十三年（一九二四）、二人は函館でハム・ソーセージの店を開業するけれど当初、日本人にハムもソーセージも食べる習慣がなかったために店は繁盛しなかった。

それでもカールは屈しなかったんですね。つらかっただろう。苦しかっただろう。いっそこのままと何度も思ったに違いないと思います。

だがカールの不断の努力は評判となり、また函館に寄港したドイツ軍艦が、どんどん大量発注したこともあり、事業は大化けしたとモーセ。さらにカエサルが続ける。

カールはな、情熱家だった。私のように欧州統合を志向する主義に傾倒していた。その運動の象徴として函館の空に輝く北極星をあしらった旗を考案した。青地に黄色い星は現在の欧州旗とみまごうデザインだ。

ですよね。昭和三十年（一九五五）、ストラスブールの欧州評議会からカールのアイデアを採用して青地に金の星の旗を作るという手紙が届いたそうですからね。ただしカールの考案したものはテキサス共和国やコンゴ自由国の国旗に似ているのでパスされたらしい。残念だな。でもカエサルさん、モーセさん、カールの遺志はちゃんと欧州に受け継がれていると思いますよ。

そうか。それならいい。俺はもういくことにするか。カエサル、お前もくるか。ああ、モーセ。すぐにいくが、なんだか、大切なことを忘れている気がする。隔靴掻痒（かっかそうよう）なんだ。

ははは、それは「目にサラミ」じゃないかとモーセ。「目にサラミ」ですかとこちら。そうだ、「目にサラミ」＝目にサラミの薄切りを付ける＝灯台もと暗し＝なあんだ、こんなところにあったのか、といったところだ。

そうだ、思い出した。不正が発覚しない程度に少しずつの金銭や物品を窃取する行為のことをサラミ法というんだった。

またサラミ戦術といえば相手の勢力を少しずつ滅ぼし、団結を困難にする分割統治の手法を意味するなど、卑怯（ひきょう）な印象がつきまとうが、すべて後世のいいがかりだ。サラミにはなんの罪もない。

いらぬ誤解を招かぬように日本のトップブランドであるカネタではサラミと間違われないようにカルパスのほうがちょっと長めの四センチだそうです。

セサミはゴマだ。ハラミは焼き肉。ただなあ。ラミレスなんだ。あいつは引き続き監督なのか。現在のカールの会社は日本ハムグループに属しているんだが。

日本の野球界は公明正大です。心配はいりませんよ、カエサルさん。そうか、それならいい。そうだ、もうひとついっておこう。イタリアではサラミを薄く切れる男ほどもてるんだ。

そうですか。どこにおいてもテクニシャンには勝てない。そういうことですね。目からサラミが落ちたみたいだ。

ハギス

ネコの舌のために

今年の夏は暑い。これをこの頃、毎年言っている気がする。三八℃を超えると、もう勘弁だ。温度計はガリレオの発明だけど、どうして三七・九℃までにしてくれなかったんだろう。そこを超えると、どんな場合でも暑いだけなのだから、もうどっちでもいいと考えなかったのだろうか。

しかしこの三八℃をネコは暑いとは感じない。ちょうどよいと判断する。毛皮をきているくせに平気なのだろうか。

熱すぎるものを嫌う「猫舌」、一方で冷たすぎるものも敬遠する「猫舌」のネコ。これは二枚舌ではないだろうか。

腸詰状態のハギス

全国のサラリーマンを対象にしたアンケートに「あなたは猫舌ですか」というのがあった。結果はイエスが五五・四%、ノーが四四・六%。一〇%以上の差がある。猫舌派はアンケート項目にも敏感らしい。

ネコが三八℃をちょうどよいと判断するのは自身の体温と同等だからだ。それにネコは舌で温度を判断しているのではなく、鼻で判断している。匂いを嗅ぐように温度を嗅いでいるわけである。

それにネコは自然界で狩りをする動物だ。およそ自然界の哺乳類は体温が三五～三八℃ぐらいだろう。死んでいるのと発酵しているのは除く。

この理由は自然界自体がそのぐらいの温度だから。それ以上、自分が熱かったり、冷たかったりする必要はないのだ。

いわゆる人肌は三七℃といわれる。これもまた熱すぎず、冷たすぎない、ちょうどよい温度。人肌はネコにもベストなのだ。

またネコの食欲を刺激するのは匂いだという。ちょうど食べ物が人肌程度のとき、そこから揮発される成分がもっとも多くなるらしい。おいしさのオーデコロンのようなものだ。

ではネコがおいしいとする食べ物はなにか。ドイツの調査では野生肉の場合、ウサギ＞ハタネズミ＞その他のネズミ＞食虫動物＞イエスズメという順番がついた。

缶詰（グランツ社）

その他のネズミはハタネズミに生まれなくてよかったと胸をなで下ろしているだろう。だがハタネズミもウサギでなくてよかったと安堵しているはずだ。というのもウサギはネコの好物としてダントツのトップらしく、ウサギが豊富にいる環境ではネコは齧歯類（げっしるい）の狩りをほとんどしないとの報告もなされている。

食用肉の場合はヒツジ＞ウシ＞ウマ＞ブタ＞ニワトリ＞魚の順。なぜだろう。どうしてヒツジが第一位なのか。ヒツジといえばラムかマトン。ジンギスカン鍋だが、さすがにあれは猫舌には熱すぎるだろう。

それともネコは北海道物産展の常連だろうか。いつも、いないと思っていたが、物産展にいっていたとは盲点だった。うん、待てよ。北海道といえば、国産ウイスキーの故郷。

呑み助には憶えがある地名、余市（よいち）があるではないか。日本のスコッチの聖地といえよう。そうか、ネコは余市が好きだったのか。寒さに弱い派閥のはずだが。

いやいや、スコッチの故郷といえば正真正銘スコットランドだ。ハイランドだ。確かにそうだ（ここで話は海外版をにらんで飛ぶ）。ではかの地にいってスコッチを頼むとして、おつまみはなににすればよいのか。

これはもうハギスで決定らしい。ヒツジの胃袋にヒツジの内臓のミンチを詰め込んで茹（ゆ）でるというもの。スコットランドではきわめて一般的で、肉屋の惣菜にも並んでいるという。

缶詰もあり、ベジタリアン用に野菜で作られたハギスもあるほどだ。しかし野菜までくるとヒツジではなくただの野菜だと思う。

とにかくこのヒツジ尽くしならネコもノックアウトされるに違いない。どうだ。ハギスだ。まいったか。おお、あまりのうまさに目を回しているな。

では気絶したネコと原稿はほっておいて、風呂にでも入って汗を流すか。とにかく今日もいやというほど汗をかいたものな。自分がスルメになった気分だ。

さて風呂の温度設定は三八℃。よしよし、それではざぶり。おお、ちょうどいい。スルメが戻っていくようだ。

おや、待てよ。確かに今日も暑かった。だが、なぜ三八℃の陽は暑く、三八℃の風呂は熱くないのか。

風呂の場合は裸だが、外では服を着ているからか。それとも頭がお湯の中に入っていないからか。それではのぼせる説明がつかないぞ。

ここから科学の時間である。気温三八℃のとき我々の肌は発汗によって気化熱が奪われて皮膚の温度が下がっていく。その結果、気温と皮膚温の差が大きくなり、我々は暑さを感じる。

一方、三八℃の風呂の場合、お湯の熱伝導率が高いこと、水中では発汗による皮膚温低下がないことにより、皮膚の温度はすぐに三八℃となる。この結果、風呂の湯温との差がなくなり、熱さを感じなくなる。

スコットランドが誇る詩人ロバート・バーンズは誕生日が一月二十五日だが、この日はバーンズナイトと呼ばれ、バグパイプを鳴らした一団がスコッチを片手にハギスを先頭にして宴に現れる。

そしてバーンズの『ハギスに捧げる詩』を朗読し、ハギスを食べる。ウイスキーを振りかけて食べる人も多いという。

ネコよ、ハギスがおいしいからといって食べ過ぎるな。スコッチにしておきなさい。おや、三八℃の風呂に入っているではないか。

そうか、気持ちいいか。嬉しいからといって、そんなにばたばたしなくても意思は伝わる。なんだ。沈んでいったぞ。そうか、溺れているだけだったのか。

オバケ

白くてびろんとしてサッパリ

夏に付き物といえばオバケ。

関西では冷蔵庫によく出るらしい。まだ子供の頃、夜中に小用に出ると居間でなにやら物音がする。

なんだろうと顔を出すと親父がラジオを聞きながら小皿をつついて、ちびちびやっている。どうも楽しそうだ。浪曲は虎造（とらぞう）。

「親父、なに食うてんねん」と尋ねると、「これか。オバケや。台所に出てきよったんで今、退治してる。あんまり食べると祟りよんねんけれど」と言葉とは裏腹に笑った。

小皿に入っていたのは白くて薄くぼんやりした食べ物だ。どことなくぐったりしていて、オバケといわれなければ白い絨毯がそそけたようにも見えた。

「お前もやるか。ただ母さんには内緒やぞ」

絨毯の切れ端を食べる気はしない。ましてや母親にはシークレットなのだ。ばれたら大事になるのは目に見えている。

親父はといえば言葉とは裏腹に相手と格闘している。酢味噌で和えられている様子のオバケは親父が口に運ぶとシャリシャリと小気味よい音を立てた。

「さあて、だいぶと食べた。どれ、そろそろ飛べるかな」と親父は不意に立ち上がり、その場でジャンプした。むろん結果は重力の法則通りだ。

「なんやろな。今日は飛べへんな」と不穏な捨てぜりふとともに親父は小皿を片づけ、寝間に消えていった。そうか。オバケとは空飛ぶ絨毯の一種だったのか。きっと昼間に飛びすぎて疲れて冷蔵庫でぐったり寝ていたのではないか。それを叩き起こして食べるとは親父も冷酷やな。などと脳裏に描いて私も子供部屋に戻る。

ベッドに体を横たえるとたちまち夢の世界だ。ぐるぐる渦の底に沈んでいく。なにか白い物が脳裏に浮かんでは消えて、うなされていたが、すっと蚊取り線香が消えて、カラスが鳴いて夜が明ける。牛乳屋がきて、新聞屋が帰る。すると私

クジラの部位

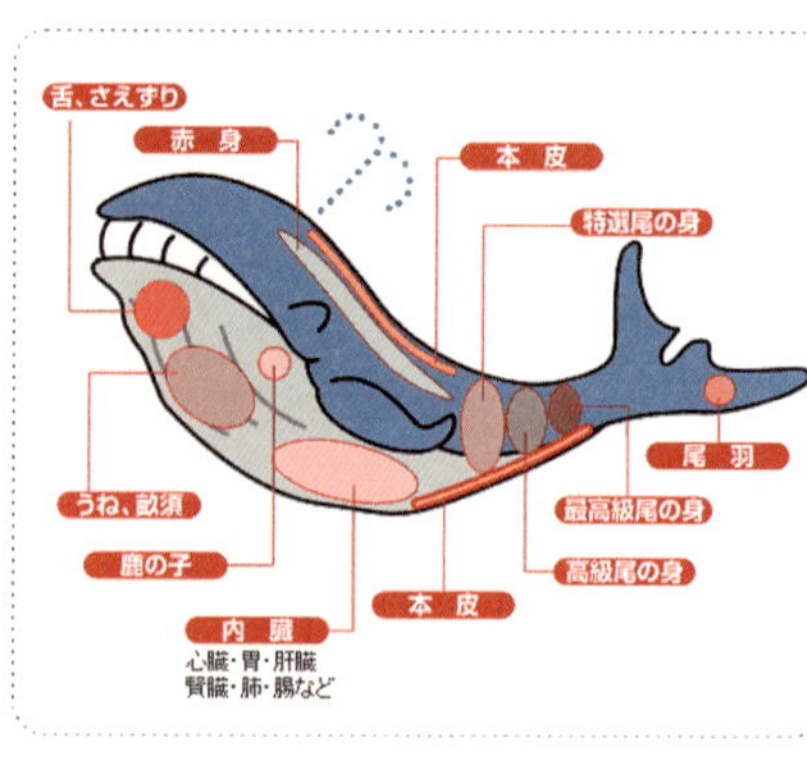

はもう一人前だ。

オバケがクジラの尻尾の部分、尾羽毛（おばけ）のことだとも、生ものだけに冷やしておく必要があることも知っている。

オバケが我が家の冷蔵庫だけでなく、大阪の庶民の台所、黒門市場（くろもんいちば）によく並ぶことも。クジラのオバケ。関西人の好物。言い得て妙である。

クジラは縄文時代から食べられていたから尾羽毛のほうが先になるのだろう。しかしあの白く透けてびろびろとして、得体の知れない様子はオバケそのものだ。

ヌタはもちろん梅肉で和えたり、キュウリもみで食する。さっぱりした口当たりと歯ごたえが人気だ。

関西人だけでなく子供もオバケが好きだ。子供による日本の好きなオバケのランキングというのがあった。

一位／ゆきおんな、二位／のっぺらぼう、三位／あまのじゃく、四位／かまいたち・ぬりかべ、六位／うみぼうず、七位／一つ目小僧、八位／天狗・ろくろ首、十位／いったんもめん・からかさおばけ。

ずらりと有名どころがならんでいるが、やはり日本のオバケの代表は「オバケのQ太郎」だろう。ズダ袋がひっくり返ったみたいな姿に毛が三本。といいたいところだがQ太郎の毛は本当は三本ではない。

『オバケのQ太郎』の主人公は正ちゃんこと大原正太。漫画雑誌の連載第一回、竹藪で友だちと忍者ごっこをしていた正ちゃんが大きな卵を発見し、割ってみると中から飛び出したのがQ太郎。

これが二人の出会いなのだが、なんとこの際にはQ太郎の頭の毛は九本、多いときは十本もあった。まだしっかりとキャラクターが定まっていなかったのだろう。

やがて四本になり、作画の手間もあって三本に落ち着いたらしい。諸説あるが、三本なのは「男は奇数、女は偶数」という心理学から最小の三本にしたそうだ。毛の長さは一五センチとされている。

ところでオバケというとQ太郎のようにすっぽり袋をかぶっていることが多いが、なぜだろうか。調べてみると一八〇〇年代、演劇の舞台で幽霊役が白いシーツをかぶったのが始まりらしい。

それまでシェイクスピアの劇などでは幽霊役に鎧を着せていたりした。しかし幽霊ががちゃがちゃうるさいのは不自然だ。そんなわけでシーツをかぶせた。

シーツと幽霊の関係は十三世紀にまでさかのぼる。当時、埋葬前の遺体は麻布で包まれていた。あちらの白装束である。

この関係から劇でシーツが抜擢されたらしいが、絶妙の選択だったのだろう。次第に定着していったわけである。

我々、日本の幽霊も白装束で現れるが、場所は柳の下と決まっている。これは幽霊絵がもとになっているらしい。幽霊絵というのは江戸時代にブームとなった魔よけのお札だという。

陰気な幽霊に生命力あふれる柳を配することで調和をはかったらしい。しかし洋の東西、時代を問わず、恐いといいながら、みんなオバケが好きなんだな。

さてそれでは我々もオバケをいただこう。ネット通販で手に入れたこいつを、やはり酢味噌で和えてといこう。

大して手間もいらない。簡単でおいしいおつまみじゃないか。それではいただこうか。と箸（はし）を伸ばすと裏の小窓に親父のにっこり顔が現れた。

なんだい。表から入れよ。相変わらずだな。と思ってから、あっと息を呑んだ。親父は数年前に他界していたではないか。

ギンナン

命のためにくさくなった絶滅危惧種

秋になると小皿に数粒ほど盛られて出されるギンナン。お上品そうで高価なんだろうなといつも思ってしまうが、とんでもない。

お近くの大学辺りに出かけてみなさい。たとえば東大でも大阪大学でもよい。いずれもマークはイチョウ。構内のあちこちで皆さんが盛んに拾っている。

どれだけとっても無料である。しかも参加費もいらない。ミレーの『落穂拾い』

地面に落ちたギンナン

を真似ればいいだけ。ああ、芸術の秋だ。などと鑑賞者としてぼうっと立っているのは馬鹿である。食欲の秋のほうが優先だろう。

さてフライパンの中で、塩を振られて炒（い）られたギンナンの殻は少し焦げ、その裂け目に爪を立てて割ると緑の中身が現れる。ぱくりと口に含む。確かに秋だ。たった一粒ですっかり京都じゃないか。

ところでこの緑のギンナン、実はナッツではない。種の中の「仁（じん）」である。仁についてはカシューナッツのところで説明したが、ギンナンも果肉をまとって実っており、その中に殻があり、殻の中が仁だ。

つまり奥の奥の対象だ。初めて食べた奴はえらい。探求心こそが人類のなによりの武器だ。そのおかげで今、我々は小さな秋を発見したのである。

イチョウがおぎゃあと産声（うぶごえ）を上げたのは、なんと今から二億五千万年前のことだ。時は中生代。恐竜が闊歩（かっぽ）し、我々、哺乳類は首を縮めて穴の中で小さくなっていた。

なぜならその頃の我々はまだトガリネズミだったからだ。この時代には仲間が多くいたイチョウだが、氷河期にはほぼ全滅する。

そして現在のイチョウは世界でただ一種類となっているのだ。そのために「生きた化石」として絶滅危惧種に指定されている。

このイチョウ、人類同様に男女がある。つまり雌雄異株なのだ。植物の常識と

トガリネズミ

して実が生るのは当然、雌株である。一キロ離れていても風に運ばれた花粉で受粉できるというから、いつの時代もお母さんは偉大だ。それとも花粉を放ったほうだろうか。

背が高く、長生き。青森県深浦町の北金ヶ沢のイチョウはなんと幹の周りが二二メートルもある。生きている限り肥るのだろうか。

長生きで太いばかりでなく黄葉したさまが美しく、剪定にも強いために街路樹にされた数、平成十九年（二〇〇七）で五十七万本。

これは街路樹としては最も多い本数である。火にも強く、江戸時代には火除け地に植えられた。なるほど氷河期も炎をも乗り越えるのか。

だが地面に落下した実がくさいと役所にクレームがしばしばある。そんな場合を想定して実の生らない雄株のみを選んで街路樹に植えることもあるそうだ。

確かにギンナンはくさい。どうしてあんなにくさいのだろう。それはずばり、生命を維持するためだ。ギンナンは動物に食べられないように匂いで身を守っているのだ。

この匂いの成分は酪酸とヘプタン酸、足のニオイと同じ物質だ。あまりの異臭のためにニホンザルやネズミは食べないという。

なるほど。あるいは我々も獣に襲われないように足をくさくしたのか。クマに襲われたときに死んだふりをして足の裏を無防備にするのも、あながちまちがいではなさそうだ。

中国ではイチョウの葉をアヒルの足に見立てて鴨脚と呼ぶそうだ。これがイチョウに転じたという説がある。

英語ではメイデンヘアー・ツリー。つまり娘の毛の木。なんだろうと思った方、ここから先はこっそりご自身でお調べください。

このイチョウの葉は乾燥させれば湿気取りに使われる。また喘息などの咳止めにギンナンが用いられる場合もあるらしい。

中国で生まれて、仏教とともに日本に伝わったともいわれるイチョウ（あちらの寺院に盛んに植えられていたらしい）。ヨーロッパにはケンペルが長崎から種子を持ち帰った。

その子孫がオランダのユトレヒトや英国のキュー植物園で栽培、開花したという。ゲーテも『銀杏の葉』と題する恋愛詩を恋人に捧げた。

大文豪は一体、なにを思ったのか。メイデンヘアーか。やはり恋とイチョウは切っても切れないようである。

いずれにせよ、ギンナンはくさい。なんとかならないか。そうだ。くさい物には蓋だ。ということでスコップで庭に穴を掘る。

その穴へギンナンを投入。上から自然の蓋、土。ギンナンを土の中に埋めておくと果肉を微生物が分解して殻の状態で残るという。つまりギンナンは土の中でギンナンになるのである。

便利だ。それに肥やしにもなってくれて一石二鳥ではないか。期間はきわめてアバウトにしておいていい。

忘れていてもくさくないのだから。なんとなく思い出したときに掘り出せば彼は現れるのだろう。なんだか同窓会のハガキのようである。

イチョウは東大、大阪大のマークと書いた。加えて東京都のシンボルマークでもあるはずだ。だが都はそれを否定している。

あれはアルファベットのTのデザイン化なのだと。くさいからだろうか。都知事の意見を聞きたいところではある。

オカラ

君に無罪を宣告す

日本がまだ元気だった頃、働くお父さんの廉価(れんか)なおつまみといえばオカラが定番だった。そのまま食してもいいいし、油揚げなどを加えて甘辛く炒(い)ったものも絶品である。

ちょっと前は肉の代用をつとめるオカラハンバーグというのもあった。なにしろカロリーが低いためだ。さらには食物繊維の豊富さからケーキやクッキーにも使われていた。

石川ではタイにオカラを詰めて蒸した「タイの唐蒸(からむ)し」が結婚披露宴の定番である。広島、岡山、愛媛ではイワシ、コハダ、アジなどを「卯(う)の花(はな)鮨」として握る。

日本ばかりではない。韓国、中国など、およそ豆腐の存在する国ではオカラも双子のように同時に存在する。それほど馴染みの深いおつまみだったはずだ。醤油を垂らすだけでもよかった。ネギを散らしたり、酢を足したりするのも大歓迎だった。オカラの千変万化の活躍ぶりには脱帽するばかりであったのだ。

なのにだ。どうしたことか、最近はとんと姿を見ない。確かに奴は足が早い。どこかに逃げ出したのか。天に昇ったか、地にもぐったとでもいうのか。

変だなとは思っていた。すると奇妙な風の便りを耳にした。逃げてはいない。むしろ増えていると。オカラ増殖中とのことである。

なんだって。これは謎の解明に乗り出さなくては。そしてオカラの市民権を取り戻そう。ただし奴が住民登録していればだが。

発端はネットの一文だった。ある豆腐屋さんのサイトに「豆腐を作ると原料の大豆よりもオカラが増えることを知ってましたか」といった主旨の一文が掲げられていた。

初耳だ。聞いたことがない。本当だろうか。およそ科学の常識を覆していると思える。原料を上回る量の生産品だって?

水は沸騰(ふっとう)すれば減る。魚は干せば縮む。石鹸(せっけん)は使っていれば痩せる。靴だって履いていれば底がちびる。髪の毛も、歳をとれば薄くなる。

それが厳しい自然界の掟(おきて)だ。だというのに話が真実ならオカラは作っても作っ

タイの唐蒸しは石川県金沢の郷土料理

ても増え続けるではないか。もしオカラが口をきけたら一週間後は、早く食えとうるさくてかなわないことになる。

いっそのことオカラがガソリンの代わりにならないか。豆腐屋さんをのせておけば、いつまでも走りつづけられることになるはずだ。ロケットでもいい。豆腐屋さんは今すぐNASAの飛行士に名乗りを上げるべきだ。

こうなったらユニセフに電話したほうがいいだろうか。知っていますか、オカラは永遠に増え続けるんです。飢えに苦しむ子供たちの救世主がいたんですよと。

だというのに真実は常に隠蔽(いんぺい)される。現在、オカラは産業廃棄物として処理されているのだ。平成十一年(一九九九)、最高裁が豆腐製造業者から処理料金を徴収して処分したオカラは産業廃棄物であるとの判決を下したからだ。

その結果、オカラは庭の肥料、家畜の餌になるのが関の山で、あとは埋め立てに使われている。いやいや、全国民が毎日一五グラム食べれば大丈夫との試算もある。

しかし日本豆腐協会によると豆腐の原料である大豆が四九万トンの場合、オカラは一・三五倍の六六万トンできると試算している。なんと三五%も増えるというのだ。

ううむ。専門家が主張するなら事実かもしれない。これでは食べても食べても減らないことになる。どうしたらいいか。なにか名案はないか。そうだ。食品以外に使えないか。

シリアル食品への利用はとっくの昔だ。今はバイオ燃料としての活用が探られている。タイルメーカーのＩＮＡＸはオカラ乾燥機「オカラット」を作った。オカラが瞬時に乾燥できて日持ちのする飼料になるのだ。

他には発泡スチロールに似た緩衝剤の原料にもなっているし、化粧品メーカーはオカラの成分から基礎化粧品の開発に成功している。

ネコを飼っている方には乾燥オカラを使った猫砂も登場していると告げておきたい。なにしろ自然な原料である。ネコにやさしいはずだ。ネコが食べないか心配だが。

ぐっと芸術的な方面では能の舞台につやを出し、滑りをよくするためにオカラで乾拭（からぶ）きするという。他にも落語のネタとして「鹿政談」や「千早振（ちはやふ）る」にも利用されている。

中国では手抜き工事を「オカラ工事＝豆腐渣工程（トウフジャーコンチョン）」というらしい。地震であちこちのビルが倒れたり、道路が沈んだりするのをオカラのせいにしているのである。オカラもいい迷惑であろう。

我が国でも某町会の補欠選挙で「オカラ」と書かれた一票が投じられ、むろん無効票となった。オカラは政治に興味がないからだ。だが最下位当選者と、たった一票差で落選していた候補がいた。

当該人物は、「その票は私の苗字（オカダ）の書き間違いだ」と異議を申し立てた。これが認められて最下位当選者と入れ替わってしまった。

すると今度は当初の最下位当選者が「私がオカラをウシの飼料として与えていることは町内では知らない者はいない。あの票は私のことだ」とやり返した。

ウシは知っていたかもしれないが、選挙管理委員会はどうだろう。結果、委員会はどちらの票とも判定せずに無効票と裁定した。

当然だ。ウシも選挙管理委員になどなりたがらない。仮になったとしても反芻ばかりしていて速報が出ないだろう。

オカラよ、君に罪はない。あなたが増殖するのは水が足されてカサ増ししているからだ。十二分に活躍しているし、なにより栄養満点でおいしい。安心して食卓に戻っておいで。

メンマ
竹林に暮らす忍者

ラーメンを食べていると、いつも思うことがある。「光あるところには影がある」と。むろん光はチャーシューだ。そして影はメンマ。どちらも大切な具材なのに陽と陰。対照的だなあ。

　メンマをおつまみ界の忍者軍と呼ぼうか。確かにいつも仲間が束になって丼に浮いている。それとも分身の術でも使っているのか。

　お父さんの酒の肴に定着して久しいメンマ。むろん功労者は瓶入りを発売した桃屋だが、それよりもずっと昔、メンマはミャンマー辺りにいた。駄洒落ではな

ラーメンを彩る
光（チャーシュー）
と影（メンマ）

い。そもそもはここが故郷だったのだ。

メンマの正式な名前は麻竹（まちく）という。この麻竹一家はやがて台湾嘉義（かぎ）市周辺に移り住む。別名をシナチクとも称したが台湾なので麻竹で通そう。なにごとにもエチケットがある。

この麻竹一家を煮て乳酸発酵させたのがメンマ。確かに噛みしめるとほのかに酸っぱい。現地では筍干（スンガン）と呼ぶ。台湾は油っぽい料理が多いので口直しにこの酸味が喜ばれたようだ。

麻竹がメンマに変身するには一メートルほどにも育った物を収穫して、皮を剝（む）いて節目の部分を取り除く。ということはメンマは筍（たけのこ）から取れるのではなく、そこそこ成長してからなのね。

収穫された麻竹は蒸して発酵させてから天日（てんぴ）乾燥させて保存食となる。現地ではメンマを水に戻して豚肉や野菜と醤油で煮込むか、炒め物にするかぐらいで食べていた。

つまり麻竹一家が移り住んだ台湾の嘉義市周辺には麺にメンマもチャーシューものせる習慣はなかった。当時、台湾に在住していた丸松物産会長の故松村秋水（しゅうすい）氏は日本の横浜中華街で麺にメンマをのせている様子を見て、とても感嘆したという。

日本に帰国した松村氏は本格的にメンマの販売を始める。この際、「メン（麺）

嘉義県

麻竹一家の移住先、
台湾・嘉義県

に入れるマ（麻竹）」だから「メンマ」と命名したが、似た名前の整髪料があったために商標登録できなかったという。

麻竹の筍は大きな子供ほどのサイズがあり、その葉は中国名産の粽に使われる。葉まで慶賀な存在なのだな。

ちなみにいわゆる筍はイノシシなどの外敵に食べられないように地上に顔を出すと「えぐみ」を発揮する。だから我々は地上すれすれで彼らを収穫する。とれたてに「えぐみ」がないのはぎりぎりだからだ。

しかし知恵は使いようでイノシシの口が届かない一三〇センチを超えると筍は「えぐみ」を「あまみ」に変化させるのだという。さあ、もう大丈夫と警戒心を解いたのだろう。

しかし人間はなんでも食べてみる生物だとつくづく感心する。竹を食べるなんて。あんな硬くて青っぽいものをだ。きっとパンダに教わったに違いない。

誰がどれほど試したのだろうか。気になったのでちょっと調べてみた。まず日本で食べられる筍の代表選手は孟宗竹。続いて淡竹。美味だといわれるが出回る量は少ないそうだ。

真竹（苦竹）は発生して間もない時期は名前の通りに苦いという。ただし大きく伸びると苦みが消え、先端部分を収穫して「穂先筍」として食用にする。

麻竹林。ラーメン丼の中では控えめなメンマは、育つとこんなに立派になる

千島笹（根曲竹）は長野から東北地方で食べられる。特に津軽で好まれる。弓状に曲がって生えている。

まあ、これだけ試せばいずれヒットするだろう。ロトのキャリーオーバーがたまっていくのを見るのと同様の気分だったのかもしれない。いつかは陽の目を見るさ、この俺だって、と筍が言ったかどうか。さすがに暗がりの竹林育ちだ。

日本各地、どこでも竹林を見かけるが昔はこれほど存在してはいなかったという。西洋で釣り竿の需要が高まり、農家が副業として竹竿の材料を育てた結果という。

竹に油を塗ったようとは弁舌爽やかな様子。竹を割ったようといえばさっぱりした性質のたとえ。反対は餅をついたようにだろうか。

そういえば忍者の訓練に毎日、竹を飛び越えるというのがあった。筍にうっかり帽子をかけておくと翌日には手の届かない高さになっていて回収できないともひそひそと伝わる。

だから筍の字には十日間を意味する旬が当てられていると竹林でひそひそ。誰だ？　と風にそよぐ竹林に問う。するとにわかにざっと雨の音。

スズメが飛びたったのだ。そうか麻雀してたのか。それは邪魔をした。ところでルールはナシナシですね。河（ホー）に捨てた牌（パイ）に当たらないのが中国方式、平和的ですものね。

むろん花牌は欠かせないでしょう。（四季を表す春夏秋冬の）季節牌に加えて梅蘭菊竹にも選ばれている竹ですものね。それではお手並み拝見。おお、配牌で花牌の竹ですね。

こいつは横にサラして嶺上牌（リンシャンパイ）を自摸（ツモ）りましたか。新たなドラの出現ですな。それでも花牌の四枚すべて季節牌も含めて八枚を揃えたんですね。もう恐いものなしの役満のできあがりじゃないですか。

え、横でうるさい。静かにしろ。それは失礼。ここは竹林。七賢人に従う必要があったのですね。ちなみに日本で麻雀牌の活字を発明したのは、かの阿佐田哲也（あさだてつや）、または五味康祐（ごみやすすけ）という。

今では麻雀牌はUnicodeにも採用されている。竹はU+1F024。試してみようか、どうしようか。指先にじりじりと汗が湧いてくる。

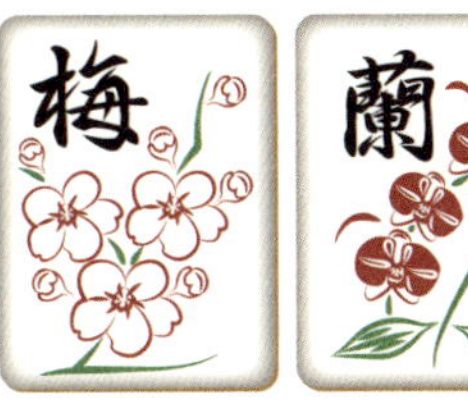

レーズンバター

ヨーロッパ版葬式饅頭

おつまみにバターをなめる。もしそれが単なるバターならば、かなり野放図な行為だろう。要するに動物性油脂を酒とともに摂取しているのだから。升の角に盛った塩をなめながら日本酒を呑むようなものだ。

だがバターといってもレーズンバターとなるとぐっと格式が上がる。本格的な洋酒の店ではメニュウに「おつまみ」として揃えられ、氷の入ったグラスで供されたり、我々が足を踏み入れることのない高級クラブなどのテーブルに出ているイメージがある。

だが、レーズンバターはちょっとつまむものとしてスナックでも出る。そこで本稿でいう「おつまみ」としたい。といっても駄菓子や乾物でもなく、しっかり

した焼き鳥や唐揚げでもない。いわば緩衝地帯にあるおつまみといえばよいか。むずかしいポジションだ。なぜレーズンバターは、こんな中間領域のおつまみ、サッカーでいえば攻めも守りも受け持つハーフのような立場を維持してきたのか。考えてみれば不思議である。

おそらくただのバターではなく、干しブドウを混ぜているところになにかあるのではないか。そもそもレーズンバターとはなんなのだ。これはトーストに塗るものか、あるいは現在のようにおつまみとするものなのか。なんだろうということで調べてみた。

レーズンバターは国内では小岩井乳業（現在は四角いが、かつて黄色の三角容器に入っていたのは印象深い）が市販しているが、発祥に関しては外国航路の客船でレーズンとバターを混ぜたメニュウがあったと聞いたところから開発したとか、いや、銀座のバーがはじまりらしいとか取り沙汰されている。

確かにうっすら想像していたがレーズンバターは舶来物らしい。外国航路のメニュウにあったのね。いわくクッキーや薄焼きにしたパンに挟み、バターサンドとして食すというから、ちょっとしたスナックだ。英国のキューカンバーサンドのように三時の副食であり、菓子のようでもある様子だ。

つまりレーズンバターは現在、確かにバターであるが、本来は間食（の中身）である。国内ではレーズンバター（中身）をビスケットにはさんだ北海道の六花

シュトロイゼルクーヘン

亭「マルセイバターサンド」、東京代官山の小川軒の「レイズン・ウイッチ」（ウイッチはサンドウイッチの略）などが有名である。

ちなみにマルセイとは北海道十勝で初めてバターを製品化した明治の開拓結社、晩成社の屋号である。六花亭の花をあしらったレトロな包装紙はなんと坂本龍馬の末裔の画家によるという。

このレーズンバター菓子のルーツはドイツやフランスなどが起源であり、かなり古いようで、驚くことに葬儀と関わりが深い。

そもそも中世ヨーロッパでは菓子もパンも似たような物で菓子屋が十五世紀に出現するまではパン屋が菓子を焼いていた。いずれもバターを練り込むからだろう。

菓子は昔から神事や祭事に使われてきており、特にガレット（素朴な焼き菓子）には魔力があるとされ、神に捧げたり、貧者に恵んだり、フランスでは葬儀で配った。

この葬儀用のレーズンバター菓子は現在ではいろいろと各地で分化している様子で代表選手であるフュネラルパイ＝レーズンパイは葬儀の翌日に食されるパイだ。近隣の人や友人などが持ち帰って口にするらしく、まさにヨーロッパ版の葬式饅頭である。

キリスト教のメノー派とアーミッシュ派に伝統的に受け継がれているようで、

レープクーヘン

日持ちがする成分のパイだから、日をまたいで催される葬儀でも都合がよいのである。

ご存知の通り、彼らは現代文明の利器を否定して暮らす。自動車ではなく馬車、電灯ではなくランプ。日持ちのするフュネラルパイ＝レーズンパイは冷蔵の必要がないのだ。

他にもシュトロイゼルクーヘンはドイツの葬儀で食べるドライフルーツ入りのパウンドケーキ。レーズンやスライスアーモンドを入れるツォップフ（三つ編み＝形状が生地を三条に織り込んだ甘パン）もそうだ。

伝統的なドイツの焼き菓子レープクーヘン（漫画に出てくる星やら人形の形のクッキー）は起源が古代エジプトにさかのぼり、埋葬の際の副葬品にされていたという。オランダのクレンテンボーレンは、我々もよく知るところのいわゆるブドウパンで、その昔、カソリックの教会で葬儀の際に近隣や貧しい人に配っていたという。

菓子と葬儀が洋の東西を問わず、因縁が深いことは分かった。しかしなぜに、ことさらレーズン菓子なのか。そこまで考えて、これらが主にカソリックの習慣であると判明した。

キリスト教の象徴はパンとブドウ（葡萄酒）である。つまりレーズンバター菓子は私見だが、死者を弔う縁起を担いだものだったのだ。それが現在は深く静かに西欧や日本の日常に浸透しているわけである。

おみやげなどで食されるレーズンバター菓子などの単品の菓子の売り上げは年商八十億から百億辺りが天井らしい。伊勢の「赤福餅」、北海道の「白い恋人」など一世を風靡(ふうび)した菓子の最大マーケットがこの額という。

一方、レーズンバターはここ数年、ハイボール人気とともに需要が拡大、国内での出荷がかつての倍近くになっているという。懐かしの味の再ブームというわけだ。

菓子の中身であるレーズンバターが菓子から抜け出て酒場やリビングで引っ張りだこということで分かった。レーズンバターよ、お前は地上から天国へ人間を導く中間領域の案内人なのだな。アーメン。

一口チーズ

包装は科学の結晶

がさつな店主の店では皿にものせず、ごろんと客の目の前に置くおつまみがある。一口チーズである。なぜかというとそれが個別に包装されているからである。

チーズは人類が加工した最古の食品とされる。日本では七世紀の古文書に「生蘇（なまそ）」の名前で登場する。それから幾星霜（いくせいそう）が過ぎただろうか。どう扱われようと気にならないように一口チーズは衛生的だ。可愛い銀色の包装に包まれ、赤い開封テープを引けば、つるりと剝（む）ける。これは快感である。我々はバナナを食べる際に皮を剝く。ゴリラもゾウもバナナは皮を剝いて食

魚肉ソーセージ

べるが、正しくは実ごとを口に入れて皮だけ吐き出す。ただし須坂市動物園のサルは必ず皮を剝いて食べるそうだ。

　考えてみれば食品を包装するのは人類固有の行為であろう。今は生魚もパックに詰められていて、衛生面と保存性では効果を認めるが、しっかりと皮に覆われているバナナやグレープフルーツまで袋詰めするのはどうなんだろうか。

　そもそも現代的な食品の個別包装は米国で一九一五年に牛乳用に開発された紙パックが始まりだろう。私が初めて目にしたときはカルチャーショックを受けた。それまでの重い瓶と比べ、軽くカラフルでなんともポップではないか。

　昭和世代が給食でお世話になった魚肉ソーセージの包装（ロケット包装というらしい。65ページで触れたチーズかまぼこの包装もこれ）は昭和二十八年（一九五三）から。この魚肉ソーセージのパッケージをヒントにQ・B・B（クオリティズ・ベスト・アンド・ビューティフル）ブランドで知られる神戸の六甲バターが昭和三十五年（一九六〇）にスティックチーズ「Qちゃんチーズ」を発売した。

　この段階では一口チーズはまだ塩ビ包装だ。それが現在の合成樹脂（PET）で加工したアルミ箔による個別包装となるには、当然だがアルミホイルの普及が必然となる。

　アルミニウムと人類の付き合いはここ二百年ほどである。紀元前五世紀にヘロドトスによってそれらしい記述があるが正確に正体がなんであるかは不明だった。

ワシントン記念塔

一八四五年、ドイツの化学者フリードリヒ・ヴェーラーが固体化に成功し、発見者とされる。

アルミが脚光を浴びたのは一八五五年のパリ万博。「粘土から得た銀」と名付けられて出品され、即座に世界に広まる。一八八四年に米ワシントンD．C．に建てられた記念塔の頭は三キロ弱のアルミニウムで当時最大である。

アルミ箔は一九一一年ドイツのラウバー博士によって製法が開発されていたが、世に現れたのは第二次世界大戦後に残った十五万ほどの戦闘機を溶かしてアルミの塊にし、そこから生み出されたものだという。

日本初のアルミ箔を使った個別包装はお茶が最初らしい。昭和三十九年（一九六四）、日本の伝統嗜好品である緑茶がアルミ個別包装で販売される。だが一般に普及したきっかけは、遡（さかのぼ）ること三十一年、昭和八年（一九三三）、タバコの「暁（あかつき）」の中紙に銀紙（アルミ箔に紙を裏打ちしたのが銀紙である）を使用したところからだ。

こうしてアルミホイルの普及は整い、昭和四十七年（一九七二）、Q・B・Bから箱型のカートンタイプだったチーズを赤ちゃんサイズにした「ベビーチーズ」が発売される。また雪印からは円盤を分割した「6P（ロッピー）チーズ」も先駆けられた。

ちなみに6Pとはピースではなくポーション（動詞では分割・分配）である。なぜあんな三角かというと、中心から熟成するので均等に味わえるように放射状に切り分けて食べるナチュラルチーズらしい形を残したかったからである。

6Pチーズやベビーチーズの個別包装は、かなり複雑な工程ではないかと考えがちだが一個分のアルミ箔容器があらかじめ用意され、そこに溶けたチーズを流し込んで蓋（ふた）をして製造する。

アルミニウム＝原子番号13・元素記号Al。日本での用途は一位が電車や航空機などの乗り物、二位が建築資材、そして三位が容器包装用なのだ。アルミ包装はかなりの普及といえるだろう。

ベビーチーズの市場は近年、四年続きで急成長し、年間一万七〇〇〇トン、二百九十億円。国内市場は十年間で二割増えた計算だ。ただチーズを食べない人（食べたことがなかった人、主に高齢者と考えられる）も二割いる。日本人一人当たりのチーズ年間消費量は約二キロ。フランス、ドイツなどでは二十キロなので食が欧米化しているとはいえ日本人はまだまだチーズを食べていないのだ。

ここで一口チーズにちなんで一口知恵袋といこう。アルミホイルにはピカピカする面と光らない面があるが、どちらが表でも裏でもない。弁当のおかず用カップは光っているが、それは一枚で圧延（あつえん）するからで、アルミホイルは二枚重ねで圧延するため、アルミ同士の面が傷つけあってピカピカ光らない面ができるのだ。

銀製品の黒ずみにはアルミホイルと重曹（またはベーキングパウダー）を用意。ボウルにアルミホイルを敷き、銀製品を置く。ネクタイピン一に対して大さじ一の割合で重曹を振りかけ、お湯を入れるとブクブク泡立ってきて銀製品の汚れがあっという間に落ちる。銀製品の汚れは酸化銀、ボウルで水素が発生して酸化銀を銀と水素に還元するのだ。

また毛を染めるとき、液を付けたらアルミホイルで頭部を覆い、体温でしばらく温める。すると均一に染まる。ラップより効果的。

台所周りでもアルミホイルは活躍する。アルミは水に反応してアルミニウムイオンという金属イオンを発生させる。金属イオンは抗菌・除菌作用があるため、シンクの排水口にセットすればぬめりをとってくれる。

つるりと剝ける一口チーズのアルミ個別包装。あの快感はなににも換えがたい。「一皮剝ける」とは経験や試練を経てワンステップ進化することだ。確かに人類はチーズに二百年来の科学を導入している。

ザーサイ

三国志と経済指数

コリコリとした歯ごたえで、そこそこの塩味と酸味が口に広がると塩分を気にする諸氏の箸(はし)も止まらない中国の誘惑。それがザーサイである。

ザーサイの原材料はアブラナ科カラシナの仲間で食用とするのは主に大きく肥大した茎の部分である。この漬け物のザーサイの歴史は実は割と浅い。十世紀、宋(そう)の時代に中国中央部の現重慶市涪陵(フーリン)で作られ始め、一九三〇年から特産品となった。生産量年間二〇万トンである。

ザーサイの誕生には中国らしいエピソードが残っている。三国志は日本でも人

気のコンテンツだが、この中の諸葛孔明がザーサイを広めたというのである。

諸葛亮（孔明）が十万の大群を率いて南征したとき、日に何万斤（一斤＝二二三・七三グラム）という野菜が必要であった。しかし前線では野菜が少なく、後方から補給するにもあまりに遠く、将兵らは野菜不足に悩まされ、やがて顔は青白く、戦意もくじけがちとなった。

諸葛亮も「これは困ったことになった」と気が気でなかったが、ある日のこと、武都山で土地の人間が大根のような野生の菜っぱを食べているのに出くわした。茎が太く、葉も大きい。

諸葛亮が「そはなんぞや」と問うと、「これは蔓菁（カブの漢名）でござんす。生で食せるし、煮てもよい。残ったら干して塩漬けにして保存食となる。簡単に育てられ、一株で何斤にもなるわい」とのこと。

これだ。と諸葛亮は兵士たちに命じて陣地の周りに蔓菁を植えさせた。すると苗はぐんぐん育ち、山のように収穫することができた。調理は簡単、味は抜群。兵士はゴキゲン。

すっかり気に入った諸葛亮は株を持ち帰り、武都から引き揚げた漢中で植えさせ、成都にも使者を送り、栽培させた。以来、蔓菁は野生種から人の手で栽培される野菜となり「諸葛菜」と呼ばれるようになった。

茎の根本が人間の頭ほどあるから人頭菜とも呼ばれるこのカブが今でも人々に

諸葛孔明

愛される諸葛菜であり、ザーサイの原料の元祖という。

なんだかジャックと豆の木のような話だが名君には逸話がついて回るので微笑ましいこととして受け入れよう。ただし日本で現在、食されているザーサイは諸葛菜ではなく、まさに搾菜というカブである。

ザーサイの故郷である重慶市涪陵で栽培される原材料の搾菜（別名・青菜頭）は世界の五割に達している。ここのザーサイは中国の伝統製法による。まず収穫した茎を天日に干し、一度塩漬けする。それを搾って塩分を抜き、調味料とともに甕にぎゅっと突っ込んで本漬けにする。

搾菜とは塩分を搾ること、あるいは搾るように甕に押し込むところからきており、塩漬けだけしたものは四川ザーサイと呼ばれて本場のブランド品涪陵ザーサイとは区別されるのである。

さて呼び名がいろいろ出てきたので、ここでザーサイにまつわる中国のカブをまとめておく。蔓菁（いわゆるカブ）は諸葛菜の野生種。その諸葛菜は人頭菜（雲南カブとも呼ぶ）であり、つまりはコールラビである。これらはアブラナ科でキャベツの仲間。一方、我々の知る搾菜はカラシナの仲間であり、青菜頭とも呼ぶ。気を付けたいのは蔓菁が蔓青となると野沢菜になることである。

呼び名や愛称が多いのは、それだけ同種の食品が人々に愛されている証拠であり、身近な存在だといえるだろう。ザーサイ指数という言葉を聞いたことがある

ザーサイの故郷、
中国・重慶

だろうか。中国各地のザーサイ消費量からその地域の出稼ぎ労働者数を推測、景気判断をする指標である。

なぜザーサイかというと中国二億六千万の出稼ぎ農民工の男性がもっとも好む食べ物がザーサイであり、とても安価なために収入の少ない彼らにはありがたいおかずなのだ。

ある都市でザーサイの消費量が急増すれば農民工が殺到していることを意味し、景気がよくなっていると判断できるそうだ。

指数に関しては周恩来も独自のものをもっていて、毎日市外に出る糞尿の量をチェックさせていたという。

当時の北京は水洗トイレがなく、市内のトイレから回収された糞尿は馬車やトラックで農村部へと運ばれた。この数字を把握することで市民がちゃんと食えているかを判断したという。

身近に存在する食品が指数となるのはハンバーガーもだ。ビッグマック指数は各国の経済力をはかるもの。マクドナルドで販売されているビッグマック一個の価格を物価と比較することで為替レートの推移など、いろいろな数字が得られるのだが、たとえばビッグマックひとつを購入するのに必要な労働時間の各地の比較がある。

香港は十一・八分、東京は十二・二分、チューリヒは十三・四分、ロサンゼル

生ザーサイ。
この茎の部分を漬ける

スは十三・六分である。ふううむ。東京はロサンゼルスに比べて時給が高いのね。

これは英国の「エコノミスト」誌が発表しているもので、他にもトールラテ（スターバックス）指数などもある。変わったところではウェイトレス美人指数。女性が美人なのに一生懸命に働いている地域は景気が悪いのだそうだ。

諸葛孔明が栽培を推奨し、農民工の消費量が景気判断に使われるようになったザーサイ。まさに君は今の経済戦争の申し子といえるかもしれない。

チョロギ

シーボルトがフランスに紹介

お正月、おせち料理があれば、我ら酒呑みは、おつまみにはことかかない。ということでスーパーの店頭で中身を確認しつつ、どのパックにするか品定めだ。

さてさて、ごまめ、田作(たづくり)、昆布巻き。うぬ？ これはなんだ？ 赤くて小さく珍妙にねじれた形状。ずばりいうと痔(じ)持ちのネコのうんちみたいだぞ。

おせちパックの隅でアルミ容器に盛られているから食品であることは間違いないだろうが、ついぞ目にしたことのない一品だけに戸惑った。店員に聞くと「チョロギ」というそうだ。さっそくそのパックを購入した。

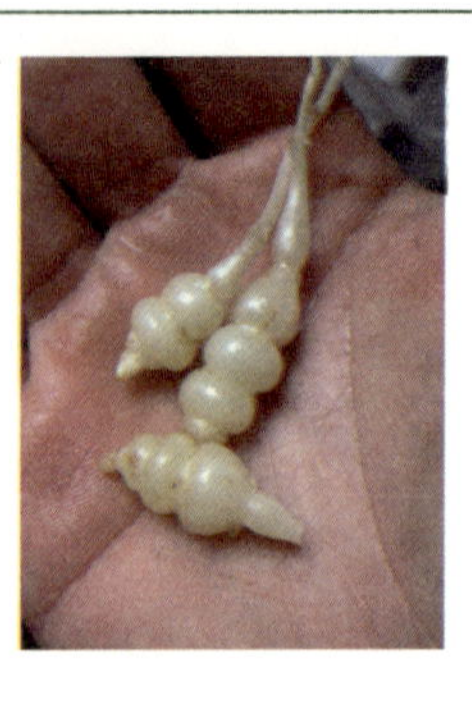
生チョロギ

酢漬けにされた塊茎は真っ赤な様子でサトイモのような食感である。しおりを読むと、このチョロギは紫蘇の仲間、中国原産の多年草で江戸時代に日本に入ってきたという。主に東北と京都の西側で栽培されているために神戸近郊出身である私は知らなかった。

だが十九世紀頃には日本・中国経由でフランスを中心にヨーロッパで広まっており、「à la japonaise ＝ア・ラ・ジャポネーズ」は主にチョロギを用いた料理のことである。

なぜ、日本人の私よりもフランスの人々がチョロギに親しんでいるのか。悔しかったので調べてみた。すると驚くべき発見につながったのである。

手がかりとなったのはチョロギの学名「Stachys Sieboldii」だった。チョロギがフランスで親しまれているのは、江戸時代に長崎にやってきたフランツ・フォン・シーボルト博士（一七九六—一八六六）に由来していたのである。

医師シーボルトが西洋医術を日本で伝播したのは有名だが、彼には別の隠された顔があった。なにかというとプラントハンターだったのである。

プラントハンターとは未知の国から有益な植物を採取してきて本国で役立てる、いわば植物版の隠密のようなものだ。

シーボルトの肩書きもオランダ商館付き医師だけでなく「日本における万有学的調査の使命を帯びた外科少佐」となっている。つまりシーボルトは日本の自然科学全般を調査・報告する密命をオランダ政府から帯びていたのである。

当時のヨーロッパは先進国であるとはいえ、時代としては未だ科学の黎明期(れいめいき)である。細胞分裂やブラウン運動がやっと解明されたぐらいで化学合成薬品などはない。

当然、医薬品の多くは薬草に頼っていた。そこで医師でもあるシーボルトは政府の特命のもと、せっせと日本の役立ちそうな品々を調べて回ったのだ。

江戸時代にはご禁制だった地図を持ち出そうとしてお縄になった事件は地理に関する調査からだ。むろん動植物を調査したのは当然で、多くの剝製(はくせい)や標本を本国に送っている。

その中にチョロギなる珍しい植物があり、この標本を研究し、漢方薬として咳止め、血行促進、打撲の青あざに効くなどと知った学者が敬意を込めてシーボルトの名を学名に冠したのである。

こうしてチョロギは有用な植物としてヨーロッパに広まり、フランス料理の食材へと使われていったのだ。現在、ヨーロッパに渡ったチョロギの標本が東京の牧野標本館に貴重なシーボルトコレクションのひとつとして保存されている。

ではフランスでチョロギがどのように楽しまれているかをご紹介しよう。まず

チョロギとシメジのペペロンチーノ

シャキシャキした食感を楽しむピクルスがある。チョロギが別名ジャパニーズアーティチョークであるのも納得できる一品だ。

生の場合はアクが強いので水にさらすか、熱湯で軽く茹で、バターを添えて食べるのがもっともポピュラーらしい。他にもポテトのように揚げたり、バターでソテーして肉や魚の付け合わせにする。

根菜としてコンソメスープやシチュウの具材にも用いられるし、煮たり焼いたりとチョロギはフランスで珍味として日本よりも楽しまれている様子だ。

チョロギがおせち料理の仲間なのは、「長老木」や「長老喜」と綴るので縁起物とされるからとか。事実、ボケ防止にも効果があると医学報告がされている。

またアクティオサイドという抗酸化作用がある成分に富んでいて、粘膜がただれるほどの胃酸も中和してくれる。ご先祖様たちは長年の経験から年末の食べ過ぎで弱った胃にやさしいことを知っていて、チョロギを正月料理に供したのかもしれない。

重箱の隅の小さな食品をつついていると、思わぬ世界史の一面が浮上した。ナポレオン戦争が終結し、ヨーロッパ列強が各地へと植民地を広げていく帝国主義の時代。

その裏側では学術合戦が繰り広げられており、各地へシーボルトのような学識者が派遣されていたのである。

赤いチョロギはしのぎを削る血の色か、はたまた未来を照らす太陽だったのか。小さなピンクの花を咲かすチョロギの花言葉は「楽しい人生」とか。

日本ではお婆さんが漬け物にしていたという地域もある。そんな平和のシンボルであってほしいものだ。

海苔の佃煮

境界線はどこ？

私は関西に生まれて東京に移り住み、ざっと四十年となる。すでに東京暮らしのほうが長く、仕事や友人など生活が変化した。だが、食の嗜好は変化がないようだ。物心付くまで育った環境でうまいと感じてきたものは舌に刷り込まれているようである。

海苔の佃煮にスポットを当てる。まさに本書でいうおつまみとして和風の居酒屋などでお猪口にのっけて出されることもしばしばだ。

海苔の佃煮のトップブランドといえば桃屋の「江戸むらさき」や「ごはんです

よ！」だと誰もが思うだろう。おそらく多くの関東圏の人間は海苔の佃煮と聞くと、桃屋の二品を脳裏に浮かべるはずだ。

このように、絆創膏（ばんそうこう）といえばバンドエイド、コピー機といえばゼロックスといった、商品のカテゴリーそのものがブランドと結び付いているのを、マーケティングの世界では「純粋想起」というそうで、強い商売の典型とされる。

しかし海苔の佃煮には少し込み入った事情がある。一見、純粋想起の桃屋の商品が、「ええと俺は違うけど」というように人によって海苔の佃煮といえば思い出す物が変わってくるのだ。

なぜそうなるのかというと海苔の佃煮は実はけっこうなローカルフードなのである。全国展開していながら、ローカルフードでもある奇妙な側面を持つのである。

私にとっての海苔の佃煮は「アラ！」と「磯じまん」である。これには私が神戸っ子という事情があるが後述する。まずは海苔の佃煮についておさらいしたい。

そもそも佃煮や佃島の名は徳川家康（とくがわいえやす）が現大阪府西淀川区（にしよどがわ）佃から呼び寄せた漁師たちにちなんでいる。本能寺の変の際に堺にいた家康は明智光秀（あけちみつひで）の手から逃れ、岡崎城へ戻ろうとしていた。しかし途中の神崎川（かんざきがわ）を渡る船がない。その船と旅路の食料として佃煮を提供して窮地を救ったのが大阪は佃の漁師。その後、江戸が築かれた際に彼らはお抱え漁師としての優遇策とともに家康によって招き入れら

江戸むらさき

ごはんですよ！

れたのだ。情けは人のためならずである。

江戸が日本の中心になると佃煮は全国に広まるのだが、海苔を佃煮にするのを考案して販売を始めたのは酒悦の十五代目野田清右衛門さん。明治二年（一八六九）の話だとか。この方は福神漬けの発明者でもあるから、なかなかのアイデアマンらしい。

さてこうして海苔の佃煮は産声を上げて食卓に上るようになる。前述の桃屋は大正九年（一九二〇）創業。昭和二十五年（一九五〇）に「江戸むらさき」発売。戦後の食糧難の時期、他社が合成調味料だったのに比べ、本醸造醬油と砂糖を使って大ヒットしたという。現在もトップシェア。海苔の佃煮界のキングである。

桃屋というとご存知、三木のり平のアニメCMで有名だが、ご本人は確か鬼籍に入られたはず。では現在も流れるものはというと、ご子息が声を担当しているという。あんまりそっくりなのでこんがらがってしまう。

さてこの桃屋に敢然と闘いを挑んでいる戦国武将が関西にふたつ。まずは「磯じまん」。大正十五年（一九二六）創業の大阪の老舗で、社名でもある商品の「磯じまん」は昭和五年（一九三〇）発売とかなり歴史がある。伊勢湾の国産あおさ海苔と国産ザラメ糖を使用している。

さらに「アラ！」を製造販売しているのが兵庫県たつの市の醬油メーカーだったブンセン。「アラ！」は昭和三十六年（一九六一）の発売で、やや甘めの味である。

アラ！

磯じまん

私が海苔の佃煮に「磯じまん」と「アラ！」の両方を想起するのは出身が神戸という大阪に隣接する混合文化地域だからである。

他にも宝食品、マルヨ食品、ニコニコのりなどが海苔の佃煮を販売していて、全国展開するナショナル企業ながら、それぞれローカルフードとして根強い人気があるらしい。

問題は海苔の佃煮の境界線である。ブンセンのウェブサイトには「アラ！は全国販売しているが主に静岡から西の地域での販売が多い」とある。

今回の起稿に当たって知り合いにリサーチしたが、関東地方の人間は「磯じまん」や「アラ！」を知らない。名前は聞いたことがあるが食べたことはないという。では長野はどうか。同様に「知らない」。名古屋はというと「浜乙女」という声があった。三重では普通にあるとか。

ブンセンによると静岡までは、「アラ！」のCMが流れていたらしく、TV東京の「5時に夢中！」番組内で静岡出身の岡本夏生嬢が海苔の佃煮といえば「アラ！」とCMソングを歌ったところ、他の出演者は誰もわからなかったという。地域の食の嗜好が箱根を山越えするのは難しいらしい。どうも「アラ！」のように海苔の佃煮の関西勢の勢力は静岡までといえるようだ。東西の文化の境はご存知、糸魚川といわれる。あらゆるものが垣根を越えて流通する現代でも食文化にはいまだにこんな根強い垣根があるのだった。

境界線はいざ知らず、とにかくうまければいいじゃないかとお考えの向きもあろう。ノーだ。あなたには賢い消費者になってほしい。いいですか。どんな食品にも旬(しゅん)がある。

海苔の佃煮には、原料として生海苔を使用しているものも多い。したがって瓶詰めといえども旬がある場合もあるのだ。

海苔の収穫は早い地域で十月下旬、遅い地域で十二月上旬からで翌年の四月、五月に終わる。

海苔は収穫後も生長するため、その後も収穫できるが回数を重ねるたびに味が落ちる。最初に収穫した物は初摘みといって珍重され、十一月から十二月に販売される。

つまり原料である生海苔が収穫される冬の十一月から十二月に瓶詰めされた佃煮がもっともおいしいものといえるのだ。初摘み海苔は黒いほどよいというから目でも瓶越しに確かめたい。

ということで寒さが身に染みる冬場。神戸っ子の私は熱燗(あつかん)を用意すると、こたつに入って、いそいそと「磯じまん」と「アラ!」をつまみに一杯やるのだった。

一口ツナ

マグロの縁取りは三角、一口は四角

一口ツナをご存知だろうか。金や銀のアルミ箔によるキャンディのような包装を剝くと中から顔を出す一センチ角の茶色いやつ。中身は乾燥させたマグロ。角煮からヒントを得たおつまみである。

昭和五十年（一九七五）、洋酒ブームをにらんで静岡県焼津市の石原水産が「ツナピコ」の名で発売し、またたくまに人気商品に躍り出し、法事やら宴会やらで小皿に盛られ

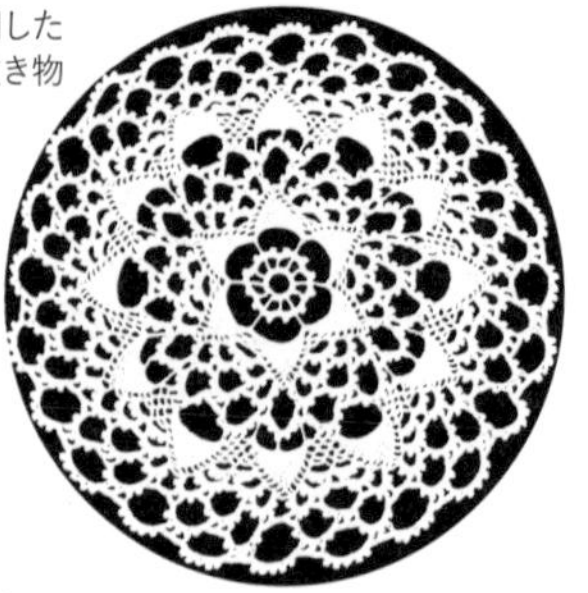

ピコ編みを多用した
敷き物

が商標登録をしている)。

る定番となった(ちなみに石原水産は「ツナピコ」を商標登録しておらず、その後、なとり

口に入れると醤油と砂糖で味付けされた濃い味覚が後を引く、あの四角い珍味を誰しも一度は口にしたことがあるだろう。

焼津は本来、カツオの街だ。だがマグロの水揚げは日本一。なぜかというと焼津には冷蔵庫、加工工場が多く、たくさんの魚が受け入れられること。また東京、名古屋などの巨大消費地に運ぶのに便利なところから全国の漁港に所属する船が焼津で水揚げをするのだ。

我々には小皿にのってやってくる「ツナピコ」。彼を「マグロの縁取り」と覚えておこう。というのもピコはフランス語の「picot」であり、レースやリボンなどの編み物の縁を飾る飾り付けのことである。

確かにマグロの尾のほうには小さなギザギザとした三角の縁取りがある。なぜか。マグロは高速で泳ぐ魚だが、周囲に渦ができて抵抗が発生する。これをあの三角ギザギザが抑えて抵抗を発生させないのだ。

フランス語の「ピコ」は一般語としては、「とげ」や「くさび」の意味である。動詞になると「~をひりひりさせる」。イタリア語になるとピッコロ(小さい)。いずれにせよ、マグロのちょこっとしたものというネーミングだ。

一口ツナで目をひくのは、なにより包装だろう。あの銀紙フィルムだ。そこで

少し包装に関して覗いてみたい。

ベビーチーズと同様にアルミ箔で裏打ちされた紙やプラスチックフィルムは「遮光、赤外線反射、電磁遮断、酸素遮断、耐油、耐水、耐熱」に優れている。しかも価格が安く、簡単に剝けて包み直せる。

一口ツナの中身は乾燥させたマグロ。珍味全般にいえるが、特に湿気には泣かされる商品となる。だが銀紙の優れた機能がそれをカバーしてくれる。

アルミ箔の前には食品の個別包装に錫箔を使用していたというが、これは金属臭がうつるなどの欠点があった。しかしそれもアルミ箔は克服した。

ちなみに一口ツナに見られるキャンディ包装は包装機械業界では「ひねり形式上包み」あるいは「ツイスト包み」と呼ぶ。なにごとにも名前があり、開発の歴史があるのだ。

日本の菓子は昭和二十年代初頭に各種の自動包装機が開発され、個別包装の時代に入った。キャラメル、チューイングガム、キャンディ。

それまで社員によって行われていた手作業が衛生化と効率化の時代へと移行したわけである。それまでの菓子は箱や缶に入ってはいても個別ではなく無包装である。

饅頭と最中が自動包装されるのは昭和三十三年（一九五八）。とうとう和菓子も機械が担当してくれることになる。丸い饅頭をきれいに包み込むとは機械も器用である。

　個別包装の必要性は衛生面と効率面にあるが、一方でセルフサービス（いわゆるスーパー）の急増がその裏にある。

　スーパーとは小売業の自動販売化を意味するわけで、レジは当然だが、商品も極力、自動化に協力する。するとお客さんが手に取ったときに価格が分かる個別包装の必要性が生じる。

　このような対面販売からプリパッケージされたものに変わった代表例は味噌で、昭和三十一年（一九五六）に機械が開発されると十年ほどで小袋や段ボール包装が八割に達する。それまでは八割が樽売りだったのだ。

　そもそもフィルムによる包装の先駆けはセロハンである。スイスの科学者が発明したものをフランスの会社、その名もラ・セロハン社が製品化して市場に送りだした。

　セロハンとはフランス語で透明なセルロースの意味である。セルロースはパルプを原料に作られるもので土に埋めれば有害なガスも出ず、水と二酸化炭素に分解する環境にやさしい素材である。医療分野では透析にも活躍した。

　ここで気を付けたいのはセロテープをセロハンテープの略と勘違いしないこと。セロテープはれっきとした商品名で、セロはチェロのことだ。昔はチェロを『セロ弾きのゴーシュ』のようにセロと呼んでいた。

セロテープの会社が社員の公募から名前を決定したが、その社員はチェロが大好きだったのである。かの人が宮沢賢治の末裔かどうかは定かでない。

セロハン包装は浴場にも関係する。風呂上がりに飲む牛乳の口にあるセロハン。あれは必ず紫だが、あの色は「牛乳ですよ」という目印である。

日本に大正末から昭和の初めに輸入されたセロハンは、デパートの高級菓子や海産物（珍味類）に用いられていた。この当時から長期保存の面で湿気に弱い珍味をどう包装するかは頭痛の種だったのだろう。

そしてポリエチレンが登場する。ここでポリエチレンとセロハンが合体、味の素の個別包装として小袋となって昭和二十九年（一九五四）に世にお目見えする。

フィルムにコシがあり、透明性、防湿性、耐熱性に優れた機能を持つポリセロは食品の包装用にまたたく間に普及した。

ざっと見てきた包装のあれこれ。フランスはファッションの国。体に縁取りがあるなんて、マグロもなんだかお洒落に思えるではないか。

せんべい
君は各国各地の文化大使

せんべいを語り始めると奥が深い。おつまみの世界としては一大長編になるだろう。そのため、本書では概論にとどめたい。

関西ではあられ、おかき、関東ではせんべいと呼称する場合があるが、正しくはせんべいはうるち米（一般的な米）が原料であり、おかきとあられはもち米だ。おかきは硬くなった鏡餅を欠いて作ったところからきた名前で、欠いたのは包丁で切ると縁起が悪いからである。

一方、あられは霰（あられ）ほどの粒という意味である。おかきよりもサイズが小さいも

のを指し、米の粒を焼いて作ったのが始まりとされる。現にひなあられは米粒である。あられは切って作るが鏡餅でないので縁起が悪くない。

せんべいと我々日本人の付き合いは古い。ここで歴史を見てみよう。原始的な物は縄文・弥生時代に栗や芋を一口大に平たく押しつぶして焼いたものが食されていた。

中国から日本に伝わったのは九〜十一世紀とされ、正倉院の古文書では「煎餅」と書いて「いりひもち」と読ませている。

その伝来には諸説あるが、弘法大師がせんべいを日本に伝えたという説もある。延暦二十三年（八〇四）、唐での修行中に食べ、うまさのあまり、製法を学び、日本へ持ち帰ったとか。当時の中国では先祖の霊を祀るために正月七日と三月三日にせんべいを食べたようだ。

「せんべい」の文字が初めて記述されるのは承平四年（九三四）の文書で、小麦粉を油で練り、熱を加えて作ったと説明されている。

天正十九年（一五九一）になると豊臣秀吉が出席した千利休の茶会でせんべいが出されたと記録されている。また利休の弟子、幸兵衛が小麦粉と砂糖で作ったものが評判となり、師の一字をもらい千兵衛になったともいう。

元禄三年（一六九〇）の図絵に、箸で挟んで直接火で炙る様子が描かれ、コテで押さえず、凸凹の形のものを作っていた。のちの鬼せんべいと呼ばれるものの

南部せんべい

おにぎりせんべい

始まりだ。

江戸に入ると一気に各種のせんべいが花開き、寛政八年（一七九六）の記録に現在の醤油せんべいとされる草加煎餅が登場する。

いわゆる現在のせんべいは埼玉県草加市が発祥の地とされている。醤油の大産地である野田に近いところから、醤油の味付けで米を潰して平らに延ばして焼いた。日光街道の旅人に人気を博したために醤油煎餅が全国区になったとされる。

その昔、日光街道は草加松原にある茶屋のお仙はうまいと評判の団子を売っていた。そこへ通りかかったお侍が潰して乾燥させて焼き餅にして売ってみたらどうかと提案し、作ってみたところ大ヒットした。これが草加煎餅の伝説である。また団子を平たくしたために多くの煎餅が丸くなったともいわれる。

そもそも草加辺りでは長旅の食料や庶民の保存食である乾餅（別名・堅餅）が存在し、これに塩味を付けたのが草加煎餅のルーツ。これが醤油味へと変遷したらしい。

だが草加に限らず各地にそれぞれ独自のせんべいがある。たとえば北海道の「でんぷんせんべい」はジャガイモのでんぷんを使用。青森の「バターせんべい」は南部せんべい。山形の「オランダせんべい」は薄焼きのサラダ味だ。

東海地域の「欧風せんべいピケエイト」はバター風味。海苔醤油の「おにぎりせんべい」とともに赤福の関連会社マスヤの商品。

ソースせんべい

歌舞伎揚

駄菓子の定番といえば東京の「ソースせんべい」。同様に大阪に駄菓子として甘辛醤油味の「満月ポン」のポン煎餅がある。

醤油味の揚げせんべいに関西の「ぼんち揚」と関東の「歌舞伎揚」、中部の「みりん揚」、北九州では「どんど揚」、熊本の「亀せん」とローカル色が花開いている。「ぼんち揚」と「歌舞伎揚」の境界線に関してはネットのアンケート調査によって東海地方との調査結果がある。

北陸の揚げあられ「ビーバー」は塩味。長崎の「九十九島せんぺい」は小麦と砂糖による甘口でピーナッツ入り(注・せんべいではなくせんぺい)。大分の「臼杵煎餅」は臼のかたちの小麦粉原料でショウガ味が香る。

むろんこれらもざっとあげただけで、さらに詳しくすれば、せんべいで日本地図が出来上がるだろう。なぜ、これほどせんべいは多様なのか。

せんべいの多様性の原因はまず列島の気候風土だろう。細長い国土で、産する農作物が違うことと、寒暖差により好まれる味に地域差が出るからと思われる。

加えて味付けに使用される醤油によって地域差が生まれる。醤油はかつては全国に一万社、大手メーカーの寡占が進む今でも千二百ほどある。それほど好みの差が顕著なのだ。

というのも醤油と味噌はその昔は家庭で作られる物だった。小麦、大豆、大麦、と使われる原料によっても、もろみが異なる。

この家庭の味が、やがて商業の発展とともに醤油屋から買うものに変化するが、そこに家庭の味が地域の味として継承されていったと考えられている。

つまりせんべいは日本人のＤＮＡに刷り込まれた故郷の味なのだ。だが目を海の向こうに転じると台湾・東南アジアにはタロイモせんべい、ヤムイモせんべいがある。なるほどこちらも舌が記憶する味覚なのだろう。

そもそも中国語で煎とは「鉄板で焼く」を表し、「煎餅」とは、小麦粉を練って鉄板で焼いた餅（小麦・粟・緑豆の粉が原材料）のことだ。したがって日本のお好み焼きや海外のクレープのようなものである。

中国で日本の揚げせんべいに近い物は仙貝（シエンベイ）である。こうなると、もはやせんべいはアジア各国の文化。せんべいを食べることはそれぞれのお国柄を知る、異文化交流になるのである。

品川巻き

英国の母のおかげでの贅沢

せんべいの中でも、他に比べてちょっと贅沢な気分になる一品がある。海苔巻きせんべいである。これは私だけの感想でなく、誰しも納得するのではないだろうか。

海苔巻きせんべいには大別するとまん丸の、まさに円盤状のもの、いわゆる「海苔巻きせんべい」があり、さらにそれが四角くなった「磯辺巻き」、そして小指ほどのサイズの細長いやつ、「品川巻き」がある。

丸い海苔巻きせんべいはそのままストレートなネーミングであり、磯辺巻きは

餅を焼いた磯辺焼きからくるのだろう。ちなみに磯辺焼きとは、そもそもは漁師が浜（磯辺）で取れたての海産物を焼いて食べた調理法で、餅に限定されるわけではない。

ここで脱線するが、餅の磯辺焼きを家で作るときに、海苔が剝がれやすいなと思ったことはないだろうか。この場合は事前に海苔を少し湿らせればよいらしい。また「いそべ」には磯部せんべいもあり、これは群馬県磯部温泉の温泉せんべいである。

さておつまみとしては丸状と四角は主におやつほどの食べ応えとなり、小皿に盛られているのを目にするのは品川巻きだろう。

品川巻きの名前の由来は品川海苔からきている。そもそも品川は海苔の産地であり、ここで取れたものが浅草に運ばれて浅草海苔となったという説がある。なぜ浅草に運ばれたかというと浅草は当時、紙（浅草紙）の加工の技術が優れており、それを海苔に応用したかららしい。板状に四角くなったのもここからだ。だがネームバリュウの点から浅草海苔のほうが次第に人気を呼ぶようになり、海苔といえば浅草と定着してしまったらしい。

この品川巻きには正しい食べ方があるという。海苔をせんべいから剝き、別々に食べるのだそうだ。

これは品川巻きをかつての品川宿の女郎に見立てて、着物である海苔を脱がす

『江戸自慢』（歌川広重・二代、歌川豊国・三代画）より「品川海苔」。火鉢で炙っている

ところからくるという艶っぽい言い伝えである。

昨今、恵方巻きという海苔巻きが流行になっているが、こちらもそもそも大阪の花街の遊びで、切らずに棒状のままの海苔巻きを遊女の口に含ませて喜ぶものだったらしい。

だが裸のままのせんべいよりも着物である海苔を羽織っているほうが贅沢な気分になるのは着衣的エロティシズムからくるとはいえないだろう。

米と醤油という、日本人の食に欠かせない二大要素に海苔というおかずが加わっているからではないか。つまり海苔巻きせんべいひとつで、一膳が完成している気分になると推察する。

だが我々、日本人がごく普通に海苔を日常食にしたのは実はほんの最近である。

ここには歴史的発見があり、遠い異国に海苔の母がいたおかげなのだ。

海苔の養殖は江戸時代に盛んになるが、胞子の代金が高く、天候や海水温度に左右されやすいために「運草」と呼ばれるほど、出たとこ勝負の商売であった。

それだけに海苔は貴重な食材で、おにぎりに海苔を巻いて食べるなどきわめてまれだったという。当然、せんべいも同じである。

戦後までそれが続いたほどなのだが、終戦間もない昭和二十四

研究中のドリュウ女史（右）と記念碑（熊本県宇土市）

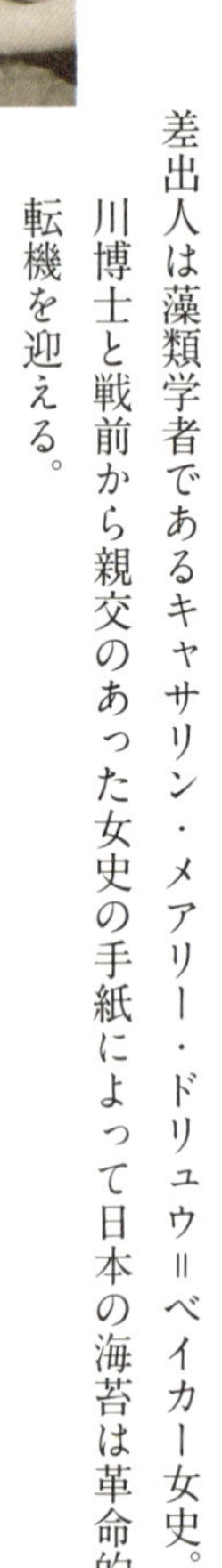

年（一九四九）、英国のマンチェスター大学から九州大学の瀬川博士に一通の手紙が届く。

差出人は藻類学者であるキャサリン・メアリー・ドリュウ＝ベイカー女史。瀬川博士と戦前から親交のあった女史の手紙によって日本の海苔は革命的な転機を迎える。

女史の書簡にはこうあった。「海苔の胞子は春先から秋口まで貝殻の中に潜り込んで生長する」と。

これは驚くべき発見だった。それまで海苔の一生は科学的に解明されておらず、海の中を浮遊して育つと思われていたのだ。私も本稿を書くまでそう思っていた。

この発見をもとに貝殻を利用した海苔の人工養殖が大進歩を遂げ、一気に庶民が簡単に口にできる食品に発展したのである。

ドリュウ博士の功績を讃え、顕彰する碑が熊本の海を望む宇土市住吉神社に建てられているが、これは国や学会によるものでなく、全国の海苔漁民によってである。少額の寄付が積み重なった結果という。

脱線ついでに海苔と発見のエピソードをもうひとつ紹介しよう。コロンブスである。

航海に出たコロンブスがバハマ諸島に近づいたとき、海面に大量の植物が浮かんでいるのを目撃し、「陸が近いぞ。総員、奮起せよ」と檄（げき）を飛ばしたところから新大陸発見につながったという。

このとき、コロンブスが見たのはヨーロッパ人には馴染みのない海藻であり、ホンダワラといわれる。日本ではお正月の鏡餅の飾りとして昆布やゆずり葉とともに枯れ草のように真っ黒な海藻が飾られるが、あれである。

おつまみとして当然のように品川巻きを口に入れる我々だが、ドリュウ博士のありがたい発見報告を忘れずにいたい。まだ戦後間もない敵国に対しても科学と真理は海を越えてくれるのである。

ちなみに二月六日は海苔の日だという。これは大宝二年（七〇二）に「大宝律令」が施行された日（今の暦）で、その中に朝廷へ納める諸国の物産のひとつとして海苔が指定されていたからだそうだ。

いかに海苔が高級品であったかをうかがわせるエピソードだ。海苔巻きせんべいがありがたいのは当然かもしれない。

チョコレート

キスと麦畑と酒

甘い物のおつまみといえば、チョコがあげられる。代表選手はキスチョコだろう。キスチョコの名前の由来は製造元のハーシー社でも定かではないらしい。

なんでも「チョコが製造される際、板に落ちる音がキスと似ている。あるいはベルトコンベアにキスしているみたいだから」なのだそうだ。

ではこのハーシー社のチョコ製造機はというと創業者がシカゴ万博で展示されていたのを購入したものという。写真で見ると確かにがたごとと機械が「機械」だった頃の可愛らしい音が聞こえてきそうである。

ハーシーズの古いブリキ看板。製造機から作り出されたチョコがベルトコンベアで続々流れてくる様子が描かれている

これはアセンブリーライン（ベルトコンベア方式）の始まりで、一八九四年の発売当時から日がな一日、じゃんじゃんとチョコを製造していたが、今では一日八億個に達するそうで、現代っ子らしく、ずいぶんキスの回数が増えたわけだ。

ちなみに例の紙のリボンが頭から顔を出す銀紙包装は当時、出回っていた類似品と区別がつくようにするためだそうで最初は手作業で行っていたという。

もうひとつ、チョコのおつまみといえば麦のポン菓子をチョコでコーティングした麦チョコも忘れてはいけないだろう。

こちらは純国産品で、昭和三十六年（一九六一）に新宿で販売が始まったレーマン製菓（スイスのレマン湖にちなむ）が製造したのが最初とも、昭和四十七年（一九七二）の兵庫県尼崎（あまがさき）市の高岡食品工業ともいわれる。

どちらが先かは先人の記憶にとどめるものとして、いずれも子供の菓子としてチョコを安価にするためで、高岡によると夏場に溶けないための工夫でもあったという。

酒とチョコの組み合わせは銀座のクラブあたりが始まりのように思えるが、チョコの起源はアステカなどメソ

麦チョコ

キスチョコ

アメリカ先住民のものだ。始まりがカカオを発酵させ、焙煎した粉末の飲料だから、どうしてもアルコールと関係してくる気がするではないか。薬用としていたのは別として、強壮用でもあった点はいずれ銀座へ向かうのもうなずける。

新大陸からコロンブスによってヨーロッパに運ばれたチョコは現在のかたちへと長い時間を経て発展するわけだが、かの地のウイスキーとチョコレートには味を表現する単語に共通するものがある。

ナッティ、オイリー、フルーティなどがそれで相性がよいのは味覚の面から当然なのだ。ヨーロッパではポートワインとチョコが古くからたしなまれていたそうで、ポートワインの花言葉ならぬ酒言葉は「愛の告白」。

また日本でも江戸時代にはすでに酒の肴として団子をつまんでいたらしい。つまり甘い物とアルコールとのマリアージュは舌が求めた本能的な結果と考えていいようだ。

日本人で最初にチョコを口にしたのは伊達政宗のローマ遣使である支倉常長といわれ、元和三年（一六一七）にメキシコに渡った際だが、そのときは酒のつまみではなく薬用として味わったらしい。残念である。

だが十八世紀には長崎の遊女がオランダ人からもらったものとして「しょこらあと」と出島の文書に記録されている。遊郭と酒は欠かせないからチョコが顔を出したのではないか。

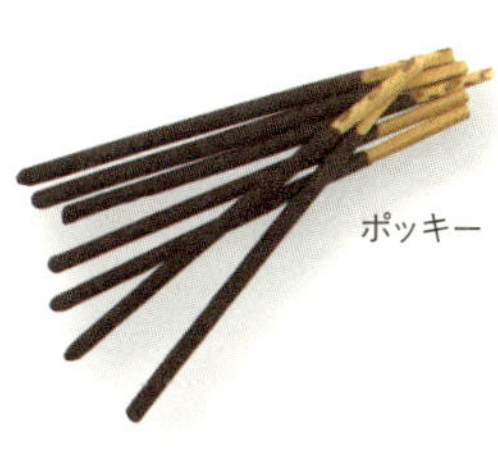
ポッキー

国産チョコの始まりは明治十一年（一八七八）、両国若松凮月堂が横浜で学んで発売した「貯古齢唐」。最初から酒と合体しているウイスキーボンボン（ボンボン・ア・ラ・リキュール）を日本で最初に作ったのは神戸のゴンチャロフ製菓の創始者であるマカール・ゴンチャロフ氏だ。

ボンボン菓子そのものは一六〇〇年、フランス宮廷に輿入れしたメディチ家のマリー・ド・メディシス随伴のイタリア人菓子職人、ジョヴァンニ・パスティッラが編み出したものである。

おつまみチョコでお馴染みの「ポッキー」はドイツのプレッツェルを手本にした先行商品「プリッツ」のチョコがけとして、手が汚れないように串カツをヒントに生まれたそうである。

名前はぽっきんと折れる音から命名された。当初てくてく歩きながら食べる「チョコテック」としたかったところが、すでに他社の商標登録があったため変更したという。

ところで麦とキスといえば「誰かさんと誰かさんが麦畑」の歌詞が脳裏に浮かぶ。あの歌はそもそもスコットランド民謡で我々は明治の唱歌『故郷の空』で知っているが作詞は日本人である。

メロディは『蛍の光』のバリエーションで、二曲がセットで歌われていたらしい。原曲の歌詞は詩人ロバート・バーンズの『ライ麦畑で出会うとき』である。

内容は「誰かと誰かがライ麦畑で出会うとき、二人はきっとキスするだろう」といったスコットランドらしい素朴な春歌である。これが戦後、原曲の詩に訳し直され、さらになかにし礼によって作詞されたドリフターズのものとなった。

おつまみとしてのチョコはキスといい、麦といい、愛と酒にまつわるように思える。甘く酔わされるのだから、まさに口福。酒の神バッカスの祭典ほどのご乱行には及ばないが、なんだか色っぽくはある。

ちなみにチョコのカカオポリフェノールは過酸化脂質の発生や活性酸素の働きを抑えるために、胃や肝臓によいそうだ。左党にやさしいおつまみなのね。

ひねり揚げ

あられ界のウルトラC

おつまみの世界では、ときに奇妙なスタイルを保持している品がある。円錐形の「とんがりコーン」しかり、無限大記号のようなプレッツェルしかり。

あられの中でも、昔から存在し、全身を螺旋状にしているものを目にされたことがあるはずだ。ひねり揚げと総称される、一口サイズの棒状のやつだ。

ふううむ。茶色い体をコイルのようにさせて、君に一体、なにがあったのかね。抑圧された魂の発露か。あるいはウルトラCの体操中なのか。

じっくり見ていると疑問が湧く。なにを目的としてひねり揚げはひねってある

とんがりコーン

のか。そもそも、ひとつひとつひねって作るのか。

ひねり揚げの元祖、「横綱あられ」の天狗(てんぐ)製菓によると、「ひねり＝アート」であったようだ。元祖と述べたのは正式に横綱を名乗れるのは天狗製菓のみ。なぜならば登録商標であるからだ。

横綱あられの創造者はひねった形のあられが作りたい、そのようなこころざしを抱いた。なぜ、ひねるのか。それは表現への希求といえよう。

前述したように、おつまみが尖ったり、無限大記号化するのも同様で、彼らは論理的な解釈を否定する。試しに結びコンニャクになぜ結ばれたのかと問うがいい。

縁起がいいから。リボンみたいで可愛いから。よく味が染みるから。そんな答が返ってきそうだ。ならば末広がりでも花の形でもいいはずだ。

味の面なら串で刺しておいてもいいだろう。だがパッションの導くところは、固有の表現に帰結する。尖るのだ。あるいは無限となれ、結べ、そしてねじれろと。つまりこの形が欲しいのだ。

ねじれたあられを作りたい。ひねり揚げの元祖「横綱あられ」の創造者はその思いから、いかにして一品を螺旋化するかの試行錯誤を繰り返した。

結果、板状の原材料＝生地を細かな短冊に裁断し、一本分に相当するそれに隠し包丁のような切れ目を入れる工夫に至った。ひとつひとつひねるのではなく、

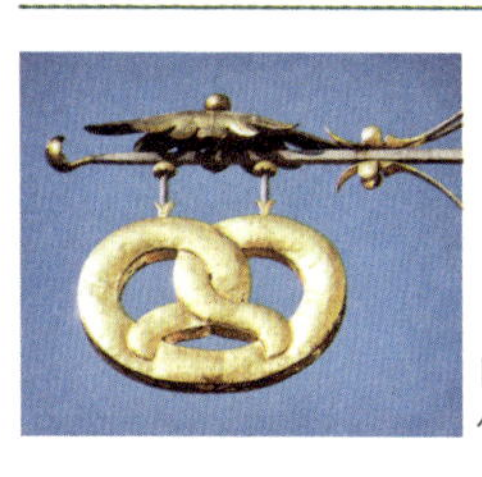
ドイツの古い
パン屋看板

プレッツェル

生産性と両立する方法である。

この生地を丁寧に乾燥させ、高温の油で揚げることで、さくりと膨張し、まさに綱を思わせる、あの形状のあられが完成するのである。ちょうどイカの天麩羅を作るのに隠し包丁を入れるのに似ている。

むろん、そうすることで高温ですばやくからりと揚がり、形状から味もよく付着するだろう。しかしそれは結果であり、そもそもはアートへの探求心が始まりなのだ。

「横綱あられ」を筆頭に今では多種多彩なひねり揚げが市場に出回っている。沖縄の玉木製菓は塩味の「小結あられ」。越後製菓は「うにあられ」。富山でなく、なぜか千葉で作っている「雷鳥」はガーリック味。「シャリカ」も販売する新潟の末広製菓の「両横綱」は塩味とカレー味。

オイシイオヤツのブランドには「ニューヨークマヨネーズ」と「給食チーズ」。また他にもコンビニのプライベートブランドなど。各種各ネーミングがあるのはそれだけ身近で人気があるあられだといえるだろう。

ねじれている、あるいはひねられている。そう表現されると否定的なイメージが湧くだろうか。しかし、ことおつまみの世界では、肯定的なこととなる。

出だしに書いたプレッツェルはドイツ語圏が発祥だが、語源が「腕」であり、腕組みしたような形状である。

ドイツのパン屋の看板は三つ輪がシンボルだが、パン屋だからプレッツェルがあの形になったのか、プレッツェルをパン屋の看板にしたのかは判然としない。なにしろプレッツェルは古代ローマからあるともいわれるほど古い食品なのだ。

盗みの罪で捕まったパン職人が領主に、ひとつのパンから太陽を三度見ることができれば牢獄にいれないといわれて作ったとか、キリスト教の三位一体の象徴とか、祈りを捧げている修道士だとか、いろいろといわれるが、いずれも形からのことで、味や製造上の必要性からではない。

二〇一七年（平成二十九）、惜しまれつつ東日本での販売が終了した「カール」もまた、開発時にたまたま生地が丸まって落ちたのがユニークだから生まれた。また自転車や自動車のホイールの形状は「スピン」。こちらは一九九八年（平成十）に生産中止。現在は油で揚げる前のものが「スナックの素」として販売されている。

誰しも指にはめた「なげわ」はカウボーイの投げ輪。昨今の揚げパスタとなるとそれはもう材料自体が自由自在にねじれたり、ひねってあったりだから、なんでもこいの感がある。

カワハギの珍味にかわはぎロールがあるが、あれもかすかにねじれている。乾燥させたウマヅラハギをロールで伸ばして焼くからだが、それを是正する動きはない。

残念ながら最近、見かけることが少ないなと思っていたが漁獲量が減ったせいらしい。カワハギ漁の餌はオキアミやクラゲ。これを網の中に仕込んでおくとカワハギが集団で襲来するという。同様のロールには岡山の鯛ロールがある。おつまみとかたち。これは意外と奥深い世界だろう。楽しい、可愛い、愉快、びっくり。かたちとは味をひとしお高める調理方法なのだ。そのために日々おつまみはウルトラCを決めているのだ。

甘味おつまみ

神々から物理学まで巻き込む

小皿に盛られる甘味のおつまみといえば、イモケンピやカリントウを始め、小品がいくつもある。まずはイモケンピだ。

かねてうっすらと疑問に思いつつ、ことさら調べようと一念発起しなかったが、イモケンピのケンピとはなんだろうか。

調べてみると諸説が多々あるらしい。まずケンピ（堅干）という平安に端を発する高知の小麦粉原料の郷土菓子がそもそもあった。これをルーツに江戸中期に伝わったサツマイモを油で揚げた菓子ができ、似

現在も高知銘菓として親しまれている「ケンピ」（西川屋）

た形状からイモのケンピとされているという。

別の説は中国の小麦粉のクレープのような菓子、巻餅(ケンピン)あるいは環餅(カンピン)がルーツの説。ケンピンは今でもあちらの屋台などで売っているそうだ。ここに朝鮮の食品である犬餅(ケンピョン)由来説が加わる。

また『土佐日記』の紀貫之(きのつらゆき)が土佐で食べ、病弱な人も健康に肥るから健肥と名付けたとか、現静岡県掛川(かけがわ)市から高知にきた山内一豊(やまうちかずとよ)に献上した土佐の名産、白髪素麺(しらがそうめん)の製法で作った菓子説と、一豊が伝えた説として犬皮（ケンピ）がある。ちなみに静岡はサツマイモの名産地で、同様の菓子、芋松葉がある（埼玉県川越にも）。

犬皮については茶菓子説が古い。京都の松風を五山(ござん)の僧がイヌの皮に似ているからケンピと呼んだとか、ネコの皮より薄いからとか、イヌの皮のような色合いだからとも。ちなみに三味線の皮にはかつてイヌも使われていた。

さらに武器説は形状が剣に似ていて剣秘とか、かたびら（帷子）が、かたび↓けんぴとなまったとも。ウルメやカレイなどの魚類の干物の呼称、堅干に倣(なら)った説もあり、犬食文化由来説となると、まさにイヌの皮を細かく切って揚げたスナック菓子だったらしい。これは、奈良時代に本来、赤犬の皮、ヒツジの肝(きも)、ウシの脂身(あぶらみ)などを神仏の供物(くもつ)としていたが、殺生を忌(い)むようになったところから和菓子で代用するようになったとする。

播州駄菓子。左からひっかけ、播州ひねり・黒と赤、細ひねり、奉天

愉快なところでは、献上された菓子を食べていた殿様が、家来から「それはなんですか」と尋ねられ、独り占めにしようとイヌの皮だと嘘をついた説。

イモケンピは全国版の菓子かと思っていたが、そもそもは高知生まれだったのか。同種に塩ケンピがあり、今では抹茶味に青のり味も。またイモケンピはイモカリントウとも呼ばれるそうだ。そこで話はカリントウへ移る。

カリントウは「花梨糖」ではなく「花林」の字のほうが正しいとされ、食べるとカリンと音がするからともいうそうだ。一説にカリントウはケンピと同様に奈良時代に伝わった唐菓子を起源とし、遣唐使によって運ばれた上等品であり、中国にはルーツを忍ばせる「江米条」が現存している。

一方で安土桃山時代にやってきた南蛮菓子ともいわれ、スペインのお菓子、アラビア起源のペスティーニョはカリントウそっくりである。

カリントウは東で遣唐使由来として高級化し、西では南蛮菓子から駄菓子へと分化する。東の高級版は真っ赤な缶に入れられた「ゆしま花月」「銀座たちばな」箱入りの「浅草かりんとう小桜」の御三家が有名だ。

西のカリントウは播州駄菓子がそれで、五種類のミックス。「ひっかけ」はリボンのようにひねったタイプ。「播州ひねり」の黒と赤(やや茶色)。赤の「細ひねり」。なかでも「奉天」は天神様に奉納する棒菓子が縮まって奉天、蜜で絡めた小粒のカリントウの外側を白い飴でコーティングしたもの。

スペインの菓子、ペスティーニョ

コンペイトウ

カリントウは他に愛知県の津島神社周辺に、お土産の「あかだ」「くつわ」という、空海が神前に供えた米菓がある。「あかだ」はあかだんご、あるいはサンスクリット語のアギャッダ（阿伽陀）から、「くつわ」は津島神社の神事である「茅の輪くぐり」の茅の輪の形で馬のくつわに似ているからだそうだ。他にも春日大社、上賀茂・下鴨神社に伝わる神饌菓子のカリントウがある。

またカリントウは東北地方でその姿を変化させる。岩手で渦巻き模様の円形に。青森・秋田の板かりんとうは短冊型。津軽には生地を捻って縄にした縄カリントウ。福島になると、もはや揚げ饅頭版のかりんとう饅頭で、宮城ではカリントウを一斗缶で売る。

おつまみとなる南蛮菓子といえばコンペイトウ（ポルトガル語のコンフェイト）も忘れてはならない。発生までに一、二週間かかるという、あの突起状のイガイガには織田信長も驚いたそうで、どのように生成されるかは今もって謎。

物理学者だった寺田寅彦は、ひび割れや放火現象と同様に物理学上の偶然異同の現象とし、現在も統計学的な定式化が試みられているという。規則性の中に乱雑さ（ランダムネス）が潜むなどとも考えられる理論は、文系の私にはさっぱりだが、宇宙の神秘があの粒には秘められているようだ。

製法に関しては最近、コンペイトウの核である「イラ粉」が釜で転がるときに鉄板に触れた部分の蜜が乾き、やや堅くなり、そのために蜜が付きやすく、出っ

鶯ボール

ぱってさらに大きくなり、だんだん突起していくらしいと解明された。それでもイガがいくつできるかは分からないそうだ。

揚げた菓子のおつまみとして補足したいものが神戸の植垣米菓の「鶯(うぐいす)ボール」だ。戦前の昭和五年(一九三〇)からロングセラーとなっている。かつては「爆弾ボール」と呼称していたが戦後は梅の花に似ている形から「梅に鶯」でこの名に。関西では定番だが、東日本ではあまり知られていない。大阪出身のゆでたまご作の『キン肉マン』でキン肉マンがウォーズマンに向かって「鶯ボール」と叫ぶシーンがあるほどなのだが。残念である。

おつまみの甘味、和菓子グループをざっと見てみた。まだ取り上げていない物がたくさんある。あくまで拙文である。どうぞ甘い点を付けていただきたい。

ゴーゴリ

芥川龍之介

跋

さて我々はあれこれとおつまみの世界を旅してきた。しかし旅はまだ途上だ。調べ残したことが数々ある。たとえばクラッカーに関して手を付けていない。あるいは肉類の項目が少な過ぎる。そういえばビーフジャーキーは天狗ブランドが有名だが、なぜあの天狗のマークは、かくも恐い顔をしているのか。そもそも、おつまみをチャームと呼ぶのはなぜか。これらの疑問と謎は人類の歴史の深奥に隠されたままである。だが紙数も尽きた。次の機会を望む読者諸氏の声を絶大に期待したいとの旨を跋文（ばつぶん）とする。では最後を飾るおつまみを紹介して筆を擱（お）くことにしよう。酒場で晩酌で、もっとも手軽なおつまみはなにか。

シラノ・ド・ベルジュラック

クレオパトラ

魔女

ピノキオ

そう考えて思いついたのが「鼻」である。いつでも指を伸ばせて、料金もロハ。ただし味わうことは難しい。鰻屋（うなぎや）の匂いと同じである。ということで古今東西の鼻を集めてみた。文豪に始まり、乗り物に至るまで。どうだろうか。考えてみれば鼻だけをじっくりと眺めたことはなかった。そう気が付いてみると、それぞれになにかを訴えている気がするし、なんだかつまみたくなってくる。ここに並んだものばかりではない。思い返せば何度となく同様の感覚を覚えた気がする。人間は目の前に鼻を見たとき、認識するだけでなく、つまみたくなる衝動を刷り込まれているのではないか。一体、鼻と「つまみ」とにどんな関係があるのか。第一、よく知っているはずなのに、自身では直接、見たことはないぞ。ああ、鼻もまた謎を秘めたおつまみだったのか。

ホシバナモグラ

新幹線

主要参考資料

《メーカー、各種団体 Webサイト》サンナッツ食品株式会社／丸賢加藤製菓株式会社／三葉製菓株式会社／株式会社なとり／赤城フーズ株式会社／株式会社一色屋／三河屋製菓株式会社／株式会社丸善／株式会社花の大和／株式会社カネタ・ツーワン／株式会社東洋肉店／株式会社魚丸商店／丸松物産株式会社／小岩井乳業株式会社／巴裡 小川軒／六花亭製菓株式会社／六甲バター株式会社／雪印メグミルク株式会社／ブンセン株式会社／株式会社桃屋／磯じまん株式会社／高岡食品工業株式会社／株式会社レーマン／ハーシージャパン株式会社／天狗製菓株式会社／坪田菓子店／株式会社緑寿庵清水／常盤堂製菓株式会社／芋屋金次郎／よっちゃん食品工業株式会社／中野物産株式会社／善次郎せんべい平野屋／昆布館／株式会社フジキン／三習工業株式会社／大阪市立自然史博物館／牧野標本館／レイモン歴史展示館／有限会社船奥水産／福井県議会／長野県須坂市／新横浜ラーメン博物館／濃尾・各務原地名文化研究会／田子の浦漁業協同組合／第一牧志公設市場組合／一般社団法人日本アルミニウム協会／一般社団法人日本食品包装協会／日本豆腐協会／全国菓子工業組合連合会／全国いか加工業協同組合／農林水産省／日本気象協会／水産利用関係研究開発推進会議／独立行政法人水産総合研究センター／神戸大学／東京FM ／ BBC ／ウィーン市観光局／オランダの茶色いパン／水土の礎／須坂市動物園日記／ COMZINE「ニッポン・ロングセラー考」／日本エヌ・ユー・エス株式会社「徳田先生の部屋」／ Les faits divers フランス在住だけどそれっぽくないブログ。／What's Cooking America ／ナショジオトピックス／萌尽狼グ／ひこじいさんのブログ／トクダス／シゼコン自然科学観察コンクール 60th ／食品の効果効能辞典

《書籍・雑誌・新聞》『戦争がつくった現代の食卓　軍と加工食品の知られざる関係』 アナスタシア・マークス・デ・サルセド著、田沢恭子訳　白揚社／『新英和中辞典』竹林滋、東信行、市川泰男、諏訪部仁共編　研究社 ／『フランス　食の事典』日仏料理協会編　白水社／『ウォルサム 小動物の臨床栄養学』J.M.Wills、K.W.Simpson 編　竹内啓監訳　講談社／「FOOD CULTURE」No.26 ／「房日新聞」2010 年 1 月 18 日

《論文》「醤油の好みと地域特性」髙木亨／「乾燥オカラの揚げ衣への利用について」後藤月江、遠藤千鶴

※その他、各種辞書類、ニュースサイトおよび Web 検索サービス等を参照した。

本文画像

《画像提供》軍団ひとり（P28）／株式会社なとり（P32）／中野物産株式会社（P42）／株式会社一色屋（P61）／株式会社丸善（P69）／株式会社魚丸商店（P92）／クローバー農園（P126）／日本チョロギ愛好会（P128）／株式会社桃屋（P132）／磯じまん株式会社（P133）／ブンセン株式会社（P133）／宇土市教育委員会（P148）／有限会社西川屋老舗（P161）／国立国会図書館（P38、P147）／ iStock（P12、P17、P27、P58、P78、P86、P89、P96、P97、P112、P113、P136、P137、P157、P163、P165、P166）／ PIXTA（P56、P73、P74、P82、P102、P106、P109、P116、P124、P166）／フォトライブラリー（P22、P108）

《写真撮影》松タケシ

《図版作成》ISSHIKI

おつまミステリー

2019年7月5日　第1刷発行

著　者　浅暮三文（あさぐれみつふみ）

発行者　富澤凡子

発行所　柏書房株式会社
東京都文京区本郷2-15-13（〒113-0033）
電話（03）3830-1891［営業］
（03）3830-1894［編集］

装　丁　石垣由梨

本文デザイン　石垣由梨

DTP　ISSHIKI

印刷・製本　中央精版印刷株式会社

ISBN978-4-7601-5147-9